U0395793

上海高校服务国家重大战略出版工程资助项目

挥发性有机物(VOCs)污染防治丛书

总主编 修光利

汽车制造业 VOCs 排放标准与实施技术指南

主 编 宋 钊

副主编 陆立群 王向明 刘雪峰

华东理工大学出版社
EAST CHINA UNIVERSITY OF SCIENCE AND TECHNOLOGY PRESS

·上海·

图书在版编目（CIP）数据

汽车制造业 VOCs 排放标准与实施技术指南 / 宋钊主编;陆立群,王向明,刘雪峰副主编. —上海：华东理工大学出版社,2022.11
（挥发性有机物（VOCs）污染防治丛书 / 修光利总主编）
ISBN 978 - 7 - 5628 - 6740 - 1

I.①汽… II.①宋… ②陆… ③王… ④刘… III.①汽车工业—挥发性有机物—空气污染控制—中国—指南 IV.①X734.2 - 62

中国版本图书馆 CIP 数据核字(2022)第 179082 号

内 容 提 要

本书深入剖析我国汽车制造业现状,梳理国家和地方相关排放标准要求,从源头替代、过程控制和末端治理的全生命周期管理着手,建立适合当前环境管理需要的实施技术指南,指导汽车制造企业更好地完成 VOCs 排放达标及减量工作。

本书可供各级环境管理部门、监测机构和汽车制造企业环保人员参考使用,也可作为高等院校相关专业人员的参考用书。

项目统筹 / 李佳慧
责任编辑 / 陈　涵
责任校对 / 赵子艳
装帧设计 / 徐　蓉
出版发行 / 华东理工大学出版社有限公司
　　　　　　地址：上海市梅陇路 130 号,200237
　　　　　　电话：021 - 64250306
　　　　　　网址：www.ecustpress.cn
　　　　　　邮箱：zongbianban@ ecustpress.cn
印　　刷 / 上海中华商务联合印刷有限公司
开　　本 / 710 mm×1000 mm　1/16
印　　张 / 15.75
字　　数 / 234 千字
版　　次 / 2022 年 11 月第 1 版
印　　次 / 2022 年 11 月第 1 次
定　　价 / 158.00 元

汽车制造业 VOCs 排放标准与实施技术指南编委会

主　编

上海市环境监测中心：宋　钊

副主编

上海市环境监测中心：陆立群　王向明

中国汽车技术研究中心有限公司：刘雪峰

委　员

上海市环境监测中心：高梦南　陈晓婷

上海市环境科学研究院：张钢锋　李凯骐　何校初

中国汽车技术研究中心有限公司：任家宝

上海汽车集团股份有限公司：范希文

上汽大众汽车有限公司：徐迅

上汽通用汽车有限公司：王宏　周思荟

上海市机电设计研究院有限公司：蔡莹　张瑾　赵婷婷　马珊珊　张翠

上海通周机械设备工程有限公司：陆通林

上海申沃客车有限公司：黄成兵　顾冠琼

序 言

preface

2012 年，霾污染成为我国最严重的大气污染现象，国家发布了最新的《环境空气质量标准》(GB 3095—2012)，国务院于 2013 年发布了《国务院关于印发大气污染防治行动计划的通知》(国发〔2013〕37 号)，掀起了霾污染控制的热潮。根据科学界的研究和国际上的经验，挥发性有机物(VOCs)成为管控的重点，但是环保界和工业界对 VOCs 的认识还比较少，前期研究积累比较薄弱，因此对 VOCs 的控制一直是在摸索中前进。后来，随着 PM$_{2.5}$ 浓度的持续降低，臭氧污染逐渐抬头，作为两者共同的前体污染物，VOCs 的控制更是成为重中之重。国家和地方层面关于 VOCs 的控制政策和标准如雨后春笋层出不穷。从 2017 年生态环境部在《关于印发〈"十三五"挥发性有机物污染防治工作方案〉的通知》(环大气〔2017〕121 号)中提出了详细的 VOCs 治理要求后，2018 年、2019 年和 2020 年都在不断优化和深化，但在 2021 年生态环境部发布了《关于加快解决当前挥发性有机物治理突出问题的通知》(环大气〔2021〕65 号)，强调了 VOCs 治理任务仍任重而道远。

上海市是制定、发布 VOCs 排放标准比较早的城市之一，在全国处于领先的水平。其实上海市对 VOCs 的研究可以追溯到 20 世纪 90 年代，华东理工大学张大年教授的课题组曾经牵头开展了上海市大气中非甲烷总烃的调研和来源分析。2007 年在第一次全国污染源普查工作中，上海市生态环境局在国家污染源普查的基础上增加了 VOCs 的排放源调查工作，华东理工大学受上海市环境监测中心委托开展了定量排放清单的研究工作；这项工作为 2010 年上海世界博览会的空气质量保障提供了很好的依据。不过，上海市真正开展全面的 VOCs 控制则是从 2012 年开始，以《上海市清洁空气行动计划(2013—2017)》的发布为标志。华东理工大学、上海市环境监测中心、上海市环境科学研究院等单位联合开展了 VOCs 相关行业排放标准的制定。《汽车制造业(涂装)大气污染物排放标准》(DB31/ 859—2014)、《印刷业大气污染物排放标准》(DB31/ 872—2015)、《涂料、油墨及其类似产品制造工业大气污染物排放标准》(DB31/ 881—2015)、《大气污染物综合排放标准》(DB31/ 933—2015)、《船舶工业大气污染物排放标准》(DB31/ 934—2015)是第一批发布的标准,为上海市提前一年完成第一轮清洁空气行动计划的目标发挥了重要作用。

VOCs 的标准制定是慎重的,制定过程是艰难的,既要考虑标准对空气质量改善的贡献,又要考虑企业的技术经济可行性。常常回忆起一次又一次的讨论会、辩论会,顶着烈日在企业现场采样,面对数据时而"山重水复疑无路",时而"柳暗花明又一村"。上海市政府高度重视标准的建设,2022 年提出了"打造'上海标准'品牌,提升上海标准国际化水平,引领上海高质量发展"的要求。在过去的 10 年中,上海市生态环境局联合上海市市场监督管理局积极推动上海市生态环境标准的建设,创新机制、推陈出新,在挥发性有机物控制标准指标体系上提出了很多创新的方式,在全国起到了表率作用。

汽车制造业是我国重要的支柱产业之一,全国汽车产量在 2 600 万辆到 2 900 万辆之间,其中上海市是我国重要的汽车生产基地,汽车产量占全国的 10%左右。汽车制造业因为使用了大量的涂料而成为 VOCs 的重要排放源。《汽车制造业(涂装)大气污染物排放标准》(DB31/ 859—2014)的发布,有效地推进了上海市汽车制造业的提级改造,除了罩面漆,其他涂装环节都开始使用环保型涂料。可以说"上海标准推动了汽车制造业的绿色未来"。

受邀为书写序,我思考了好久,一直找不到华丽的辞藻来描述这个标准的作用。2022 年上半年又适逢新一波由新冠肺炎疫情引发的"大上海保卫战",本书的作者宋钊先生等都毫不犹豫地走到抗疫第一线,正如当初大家奋斗在蓝天保卫战中一样。他们一边抗击疫情,一边撰写书稿,实属不易。"大道至简",标准需要的就是"平淡"和"简单",唯有如此,才是持久的真实,才是对企业负责任的表现。标准的"简单"与标准编制者的劳动付出是不相称的,标准的作用也不像其他科技成果和科技奖励那样引人注目,但是标准却是生态环境治理体系现代化的标志之一。希望更多的人关注标准的制定,关心标准研究和编制队伍的建设,让我们携手创新上海生态环境标准品牌,助力上海高质量发展。

2022 年 10 月 1 日于华理校园

前 言

foreword

近年来,随着汽车产业的蓬勃发展,汽车制造业已成为我国的支柱产业之一,为经济发展做出重要贡献的同时,其环境污染问题也受到越来越多的关注,尤其是大量挥发性有机物(volatile organic compounds,简称 VOCs)的排放使得汽车制造业成为工业源 VOCs 排放的重点行业。

为加强汽车制造业 VOCs 的排放控制和管理,改善区域大气环境质量,促进汽车制造业工艺水平和污染治理技术的进步,国家和地方相继出台了汽车制造业 VOCs 排放标准,明确了排放限值、管理要求和监测要求等。

上海市环境监测中心联合上海汽车集团股份有限公司、上海市环境科学研究院和中国汽车技术研究中心有限公司等单位,组织资深环境管理和生产工艺专家,结合多年的工作经验,剖析我国汽车制造业现状,梳理国家和地方相关排放标准要求,从源头替代、过程控制和末端治理的全生命周期管理着手,建立适合当前环境管理需要的实施技术指南,指导汽车制造企业更好地完成 VOCs 排放达标及减量工作,以期为各级环境管理部门、监测机构和企业环保人员提供借鉴。

本书的编写得到了上海市生态环境局有关领导的悉心指导,以及上海市环境科学研究院、中国汽车技术研究中心有限公司、上海汽车集团股份有限公司的专家的热心帮助。本书的编写工作还得到了上海市科委"科技创新行动计划"19DZ1205001 的支持,在此一并表示感谢。承蒙华东理工大学出版社大力支持,得以成书,在此表示最诚挚的感谢!

由于水平所限,其中难免有不足之处,恳请广大读者批评指正。

编 者

2022 年 3 月

目　录
contents

第1章　汽车制造业概述

新中国成立以来,我国汽车工业从一穷二白逐步发展进入成熟期。1958 年,我国第一辆自制轿车的诞生填补了中国汽车工业的空白;1984年,国内第一家轿车合资企业——上汽大众汽车有限公司的成立标志着中国现代化轿车工业的开端;2009 年,我国汽车全年产销量首次超过美国,跃居世界第一。近年来,汽车工业规模不断扩大,成为国民经济的重要组成部分。

汽车工业具有工业链条长、行业发展带动力大等特点,可带动上下游100 多个产业的发展。据国务院发展研究中心分析,汽车制造业每增值1 元,可以给上游产业带来 0.65 元的增值,给下游产业带来 2.63 元的增值。据国家统计局数据,2021 年我国汽车制造业营业收入为 8.67 万亿元,同比增长 1.7%,占全国规模以上工业营业收入总额的 6.8%。汽车制造业在 41 个工业大类行业位居第二,持续提高我国工业整体发展水平,成为国家的支柱产业之一。汽车相关产业从业人数占全国城镇就业人数比连续多年超过 10%,随着汽车产业生态扩大,对就业的促进作用将更加明显。

1.1　生　产　现　状

根据《国民经济行业分类》(GB/T 4754—2017),汽车工业包括汽车整车制造(C361),汽车用发动机制造(C362),改装汽车制造(C363),低速汽车制造(C364),电车制造(C365),汽车车身、挂车制造(C366),汽车零部件及配件制造(C367),见表 1-1。

表 1-1　汽车工业一览表

类别名称	产品类别	产品及零部件、配件清单	行业代码
汽车整车制造	汽柴油车整车	基本型乘用车(轿车):多功能乘用车(MPV),运动型多用途乘用车(SUV),交叉型乘用车; 大型客车:中型客车,轻型客车; 重型载货车:中型载货车,轻型载货车,微型载货车,半挂牵引车; 乘用车底盘:客运机动车底盘,货车底盘; 汽车起重车底盘:非公路用自卸车底盘,其他汽车底盘	C3611
	新能源车整车	纯电动乘用车:纯电动商用车,纯电动专用车等整车,纯电动公交汽车,插电式混合动力乘用车(含增程式),插电式商用车(含增程式),燃料电池乘用车,燃料电池商用车,新能源大型客车,新能源中型客车,新能源轻型客车,其他新能源汽车	C3612
汽车用发动机制造	汽柴油车用发动机	汽车用汽油发动机:汽车用柴油发动机,其他汽车用发动机	C3620
	新能源汽车用发动机	插电式混合动力车发动机:新燃料汽车发动机,其他新能源汽车发动机	
改装汽车制造	石油专用工程车辆设备	石油测井车,石油压裂车,石油混砂车及其他石油专用工程车辆设备	C3630
	智能交通事故现场勘查车	智能交通事故现场勘查车	
	其他改装汽车	改装载货汽车:改装运动型多用途乘用车,改装自卸汽车,改装牵引汽车,改装客车,改装厢式汽车,改装罐式汽车,改装仓栅式汽车; 改装特种结构汽车:机动钻探车(移动式钻机),救护车,机动拖修车,装有云梯或升降平台车辆,机动电源车,无线电通信车,机动环境监测车,机动放射线检查车,机动医疗车,飞机加油车,调温车,除冰车,雪地车,清洁车辆,喷洒车; 城市无轨电车	

续　表

类别名称	产品类别	产品及零部件、配件清单	行业代码
低速汽车制造		农用三/四轮载货汽车	C3640
电车制造		有轨电车; 大型无轨电车,中型无轨电车,轻型无轨电车	C3650
汽车车身、挂车制造	汽车车身	多功能乘用车车身,大型客车车身,中型客车车身,轻型客车车身,货运机动车辆车身	
	挂车、半挂车	野营宿营车挂车及半挂车; 货运挂车及半挂车:罐式挂车及半挂车,货柜挂车及半挂车,市政工程用挂车,冷藏或保温挂车,搬家具用挂车,运小汽车用单层或双层挂车,运输木材用挂车,低车架挂车; 特型挂车及半挂车:公路铁路两用挂车,两轮或四轮独立式转向车,特制挂车; 载客用机动车挂车及相关挂车:载客用机动车挂车,游艺场用大篷车,展览用挂车,图书馆挂车; 其他挂车、半挂车	C3660
汽车零部件及配件制造	发动机零件	缸体,缸盖,曲轴,凸轮轴,连杆,气缸套,活塞,活塞环,活塞销,气门,气门组件,轴瓦,飞轮及齿圈,发动机齿轮,带轮,张紧轮,滤清器,燃油泵,喷油器,机油泵,化油器,节气门体,电喷系统,涡轮增压器,散热器,中冷器,机油冷却器,水泵,节温器,风扇,风扇离合器,进排气管,消声器,催化转换器,发动机支架,软垫,夹箍,油底壳,气门室罩,燃油箱	C3620
	挂车及半挂车零件	悬架,板簧,支腿,储气筒,紧绳器,备胎升降器,拉杆,牵引销	C3660
	汽车零部件及配件	机动车制动系统:机动车制动摩擦片,防抱死制动系统(ABS),机动车制动器; 机动车缓冲器及其零件:机动车缓冲器,机动车保险杠; 牵引车、拖拉机、大型机动客车、非公路用自卸车、轻型柴油货车、汽油货车、重型柴油货车及其他车用系统:变速器总成,驱动桥总成,非驱动桥总成,车轮总成,离合器总成,车用控制装置总成	C3670

续　表

类别 名称	产品类别	产品及零部件、配件清单	行业 代码
汽车零部件及配件制造	汽车零部件及配件	基本型乘用车用自动换挡变速箱； 机动车辆散热器,消声器及其零件	C3670
		汽车底盘车架、车身及其零配件:汽车底盘车架及其零件,座椅安全带,安全气囊装置,车窗玻璃升降器,车身底板、侧板及类似板,机动车门及其零件,机动车车窗、窗框; 其他车身零部件及配件	

1.1.1　全国汽车生产现状

1. 产业发展

据《中国汽车工业发展报告(2021)》报道,自 2013 年以来,中国汽车制造业产量连续超过 2 000 万辆,年产量占世界总产量的份额从 2000 年的 3.5% 提高到 32.5%,成为世界汽车工业的重要组成部分。其中,乘用车产量自 2009 年超过 1 379 万辆成为世界产量第一后,已连续 12 年位居世界第一;中重型载货车产量自 2007 年超过日本后,已连续 14 年位居世界第一;客车产量自 2003 年以来一直位居世界第一。

近年来,中国汽车市场发生了重要转变,2015—2017 年中国经济稳定增长,整体汽车市场实现连续增长。但是随着宏观经济从高速发展向高质量发展的转变,汽车需求结构发生变化,销量增长的速率逐渐降低,这给汽车产业的发展带来了直接的影响。2021 年汽车产销量呈现增长态势,结束了连续 3 年的下降局面。2011—2021 年中国汽车市场销量走势见图 1-1。

乘用车市场经历了从增量向存量的重要转变。2015 年、2016 年中国经济稳定增长,2017 年起乘用车销量逐年下行,2021 年全年乘用车销售 2 148.2 万辆,同比增长 6.5%。

商用车市场自 2015 年以来,在排放升级、老旧车淘汰、环保治理以及治超治限等政策拉动下,呈高速增长态势。2021 年商用车销量同比则下降 6.6%。其中,客车销量增长较为明显,达到 50.5 万辆,同比增长 12.6%。货

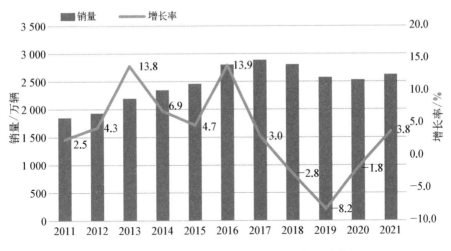

图 1-1　2011—2021 年中国汽车市场销量走势

车销量出现下降,全年销售 428.8 万辆,同比下降 8.5%。

2021 年发布的"十四五"规划作为国家经济发展新常态的指导性行动纲领,其中绿色发展贯穿了经济社会发展的各个领域和环节。汽车产业作为国民经济的重要支柱,是"十四五"期间绿色发展的重要战略阵地。我国汽车产业紧随国际趋势,在制造环节秉承全生命周期理念,以清洁生产技术为基础,力争打造用地集约化、原料无害化、生产洁净化、废物资源化、能源低碳化的绿色工厂。我国汽车产业后续将持续发力,从技术与企业管理两个层面,实现"节能、降耗、减污、增效"目标:在技术层面,研发绿色涂装工艺和高效节能装备,开展系统成套、余热回收、废水回用等技术的研究,以满足绿色工厂工艺及装备的需求,提高能源利用效率,减少污染物排放;在企业管理层面,提高包括管理人员、工程技术人员、操作工人在内的全体员工在经济观念、环境意识、技术水平、职业道德等方面的素质,建立企业绿色工厂管理及实施方案,以制度保障企业节能减排的有序进行。

2. 产业分布

截至 2021 年,全国汽车产量为 2 608.2 万辆,产量超过 100 万辆的地区达到 10 个,占总产量的七成以上。经过多年快速发展,东北地区、华北地区、东部、南部沿海地区、华中地区、山东半岛、西部地区聚集了主要的汽车产业集群。以吉林为代表的东北地区和以湖北为代表的华中地区,是我国最早发展汽车产业的地区,拥有多家大型汽车工厂;华北地区在北京的发展带动下,汽车产业发展迅速,形成一批优势自主企业和合资企业;东部、南部沿海地区,经济发展迅速,汽车工厂数量和整体产量均较高;整个西部地区则形成以四川、重庆为首的汽车产业群。近年来,为保证各地工厂的产能利用率,避免产能过剩,国家严格控制新增传统燃油汽车产能,规范新能源汽车企业投资项目审批,现有汽车工厂分布格局较为稳定,2019 年中国汽车工厂分布情况见表 1－2。

表 1－2　2019 年中国汽车工厂分布情况

省 (自治区、 直辖市)	工厂 数量 /家	省 (自治区、 直辖市)	工厂 数量 /家	省 (自治区、 直辖市)	工厂 数量 /家	省 (自治区、 直辖市)	工厂 数量 /家	省 (自治区、 直辖市)	工厂 数量 /家
江苏	132	湖南	53	北京	33	天津	20	云南	9
湖北	128	辽宁	51	福建	30	广西	16	内蒙古	5
山东	124	广东	49	江西	28	甘肃	11	新疆	4
河南	64	四川	45	上海	28	贵州	11	青海	3
河北	61	安徽	42	陕西	24	山西	11	宁夏	2
浙江	55	重庆	41	吉林	22	黑龙江	10	海南	1

2020 年主要地区汽车产量见图 1－2。广东省在广汽本田汽车有限公司、广汽丰田汽车有限公司、东风日产乘用车公司、一汽大众汽车有限公司、广州汽车集团乘用车有限公司等几家大型汽车企业的带动下,2021 年汽车产量达到 338.46 万辆,居全国首位;吉林省整车企业主要是中国第一汽车集团有限公司及其旗下的合资子公司(一汽轿车股份有限公司、一汽大众汽车有限公司、一汽解放汽车有限公司等大型汽车企业),2021 年汽车产量达到 242.41 万辆;湖北省作为我国较早发展汽车产业的地区,拥有着东风汽车集团有限公司及其旗下的合资子公司(东风本田汽车有限公司、东风汽车有限公司、东风日产乘用车公司等大型汽车企业),上汽通用

武汉工厂也在此建成投产,2021 年汽车产量达到 209.9 万辆;重庆的汽车工业在重庆长安汽车股份有限公司的带领下迅速崛起,逐渐形成以长安为首,长安福特汽车有限公司、北京现代汽车有限公司、上汽通用五菱汽车股份有限公司等几大汽车品牌共同发展的格局,2021 年汽车产量为199.8 万辆。

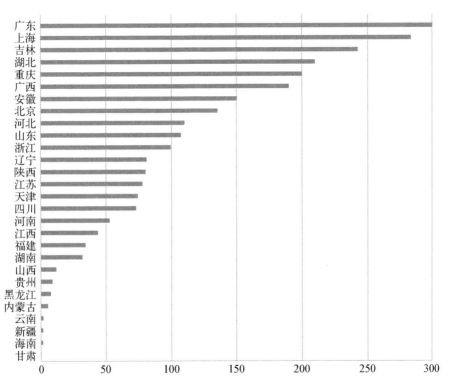

图 1 - 2　2020 年主要地区汽车产量

1.1.2　上海市汽车生产现状

2020 年,上海市汽车制造业完成工业总产值 6 735.07 亿元,同比增长9.3%。汽车整车产量为 264.68 万辆,其中新能源汽车产量为 23.86 万辆,同比增长 1.9 倍;多功能乘用车(MPV)产量为 13.61 万辆,同比增长 17.5%;运动型多用途乘用车(SUV)产量为 94.87 万辆,同比增长 2.5%。(资料来源:2020 年上海市国民经济和社会发展统计公报。)

　　上海市是国内规模最大、体系最完整、技术最先进、配套最完善的乘用车生产基地之一。全市汽车制造企业大多隶属于上海汽车集团股份有限公司,旗下所属主要整车企业包括上海汽车集团股份有限公司乘用车分公司、上汽大通汽车有限公司、上汽大众汽车有限公司、上汽通用汽车有限公司、上汽通用五菱汽车股份有限公司、南京依维柯汽车有限公司、上汽红岩汽车有限公司等,形成了位于嘉定安亭国际汽车城的上汽大众生产基地、浦东金桥的上汽通用生产基地和浦东临港自贸区的上汽乘用车生产基地共同拱卫中心城区、辐射长三角、面向全国的产业布局体系。此外,还有客车制造企业:上海申沃客车有限公司、上海申龙客车有限公司、上海万象汽车制造有限公司。位于浦东临港自贸区的特斯拉上海超级工厂和嘉定安亭的上汽大众 MEB 工厂于 2020 建成投产,进一步引领上海新能源汽车产业的蓬勃发展。2020 年上海市主要汽车企业产能见表 1-3。

表 1-3　2020 年上海市主要汽车企业产能

企业名称	产品类型	年产/万辆
上汽大众	M1	110
上汽通用	M1	48
上汽乘用车	M1	20
特斯拉	M1	50
申沃客车	M2/M3	0.2
万象客车	M2/M3	0.5
申龙客车	M2/M3	1

　　注:根据《机动车辆及挂车分类》(GB/T 15089—2001)规定,M1 类车是指包括驾驶员座位在内,座位数不超过 9 座的载客汽车;M2 类车是指包括驾驶员座位在内座位数超过 9 座,且最大设计总质量不超过 5 000 kg 的载客汽车;M3 类车是指包括驾驶员座位在内座位数超过 9 座,且最大设计总质量超过 5 000 kg 的载客汽车。
　　数据来源:上汽集团,中国汽车工业协会。

1.2　生　产　工　艺

1.2.1　乘用车生产工艺

根据《面向装备制造业　产品全生命周期工艺知识　第 3 部分：通用制造工艺描述与表达规范》（GB/T 22124.3—2010），结合汽车制造业的生产工艺特点，将乘用车整车生产工艺过程分为开卷下料、涂油脂、冲压、焊接（铆接、粘接）、预处理、转化膜处理、涂装（包括电泳、涂胶、中涂喷漆、色漆喷涂、罩光漆喷涂、修补等）、注蜡、装配和下线检验等工序，见图 1-3。

1. 开卷下料

开卷下料包括卷材开卷和板材下料。

钢板卷材需先进行开卷、校平；定尺板材则直接下料。下料包括涂防锈或润滑油脂、矫直、落料等工序。中薄板下料工艺形式主要是冲切和剪切。厚板下料工艺形式有火焰切割、等离子切割、激光切割等形式。型材下料工艺有锯切、砂轮切割等形式。下料后，还需对工件进行简单的加工，如折弯、钻孔、校正、修整等。

2. 涂油脂

钢板卷材在开卷线里被迅速展开，然后用油清洗，油膜将一直附着在钢材上，直到喷涂前才被除去。

3. 冲压

冲压包括拉延、冲孔、翻边、冲裁、整形等。冲压模具需要定期清洗，清洗方式有采用干冰的干式清洗和采用清洗剂的湿式清洗两种。

4. 焊接（铆接、粘接）

焊接包括组件焊接、部件焊接和总成焊接，常用的焊接方式有弧焊、钎焊、固相焊接、螺柱焊接、气焊及打磨等。

铆接是一种采用铆钉连接工件的固定方式，通常用于车架生产或不宜采用焊接的场合。

粘接是一种采用粘接剂连接工件的固定方式，通常用于复合材料车身零件的生产、铝合金车身的粘接及整车装配时的玻璃安装等。铝材车身也

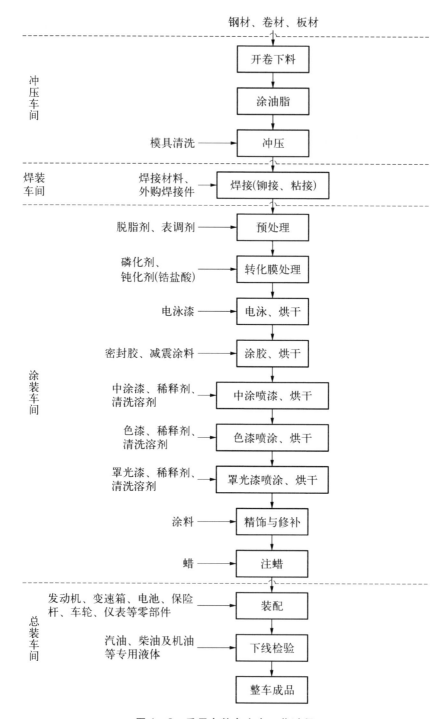

图 1-3 乘用车整车生产工艺过程

用粘接代替焊接,以减少焊接工作量。

5. 预处理

白车身从焊接车间流水线输送到预处理段。经脱脂和表调操作去除焊接灰尘、污垢、油、润滑脂和粘接剂残留物,为后续处理创造有利条件,见图 1-4。

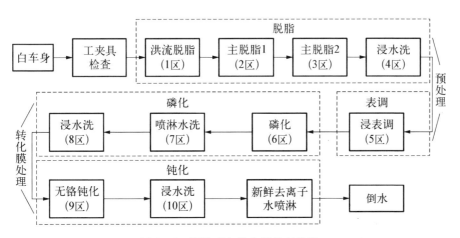

图 1-4　预处理与转化膜处理流程

脱脂形式有溶剂擦洗脱脂和化学脱脂等。溶剂擦洗脱脂用于非金属件及不宜采用化学脱脂的工件,常用的溶剂有煤油、汽油、丙酮、氯烷烯烃等。化学脱脂主要用于钣金件、板材焊接件的处理,包括预脱脂、脱脂和水洗及表调等工序。脱脂采用的脱脂剂有氢氧化钠、碳酸钠、磷酸钠类、硅酸钠类等碱性脱脂剂,为改善脱脂效果,还添加醇类、磷酸酯类、聚醚类、硅油类、石油溶剂等表面活性剂。

表调是对板材表面进行化学处理,以改变工件表面的微观状态的过程。表调剂以钛的磷酸盐为主,作用是在车身表面形成一层均匀的结晶核,有利于生成后续的转化膜。

6. 转化膜处理

转化膜处理主要有磷化和钝化等工艺形式,其作用是改变材料的表面结构形态,为工件电泳提供良好的基体,提高耐腐蚀性并增强后续涂层的附着力,见图 1-4。

磷化是在含有氧化剂、催化剂的情况下,磷酸二氢锌的水溶液与洁净的车身表面接触形成磷化膜的过程。工艺溶液的 pH 控制在 2.8~3.8,温度控制在 35~55℃,磷化剂采用磷酸二氢锌、亚硝酸钠、镍系磷酸盐等。

由于磷化膜是一种多孔性的膜层,在少数孔隙的微区存在裸露金属,需进行钝化处理。钝化是除去磷化膜表面的疏松层,并对磷化不完全的部分空穴进行封闭,使磷化膜的结晶细化的过程,其作用是提高磷化膜的致密性,有效提高磷化膜的防腐性能。目前多采用无铬钝化剂进行钝化处理,其主要成分为锆酸盐,通过钝化处理后的磷化膜孔隙率大大降低,从而提高了磷化膜的防护性。一般情况下,后面会接着两级或三级级联清洗。

1—板材;2—磷化膜 2~5 μm;3—电泳膜 18~25 μm;4—中涂膜 30~40 μm;5—色漆膜 15~20 μm;6—清漆膜 30~50 μm

图 1-5 涂层分布

7. 涂装

涂装是将涂料覆于基底表面形成具有防护、装饰或特定功能涂层的过程。涂装的底层保护和表面装饰要求具有优良的防锈性和防腐蚀性,长期使用不会出现锈蚀或脱落;表面光滑,无细微的杂质、擦伤、裂纹、起皱、起泡及其他缺陷,并具有足够的机械强度,见图 1-5。

涂装主要包括电泳、涂胶、喷涂、烘干和修补等工序,见图 1-6。

图 1-6 典型整车制造涂装生产工艺

1)电泳

电泳涂覆采用浸涂工艺,完成预处理的车身通过在水性涂料槽中移动来进行浸涂,见图 1-7。有机涂层基于胺改性环氧树脂,通过与有机酸中和,使其水溶性增强。电泳液浓度为 16%~20% 的固体和 1%~2% 的有机溶剂。车身为阴极(带负电),阳极位于水箱的底部和侧壁。在电流较大的情况下,每个车身引入 5~10 kW·h 的能量到电泳槽中,电泳槽温度需要保持冷却（30℃以下），见图 1-8。电泳会在车身上形成一层平整均匀且防腐蚀的膜，作为后续喷涂的基底。电泳后需多级清洗以除去车身表面黏附的浮漆，清洗系统需设超滤装置，以回收电泳涂料。电泳底漆在全封闭循环系统内运行，以水溶性涂料为主，涂料利用率可达 95%。目前世界上大部分汽车生产均使用电泳涂料，其中 90% 以上采用阴极电泳涂料。

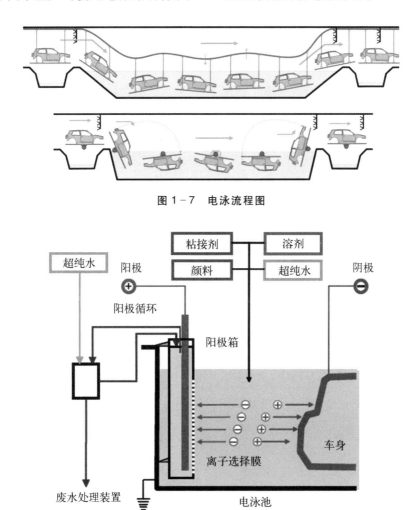

图 1-7　电泳流程图

图 1-8　电泳示意图

电泳烘干在干燥炉中固化。一般来说，电泳槽具有单独的排气系统，或将电泳槽废气输送到电泳烘干段集中除 VOCs。

2）涂胶

涂胶包括对焊缝涂覆密封胶（UBS）、对车底涂覆防震涂料（GAD）、对冲压工件折边处涂覆保护胶、对车身涂覆隔声保温材料等。

车身底部离地面较近，行驶过程中溅起的石块撞击会损坏钢板表面的电泳涂层，从而加速车身腐蚀，通常需要在车身底板喷涂 1~3 mm 厚的密封胶。密封分为底部焊缝密封和底部聚氯乙烯（PVC）涂层密封。

（1）底部焊缝密封：使用 PVC 密封胶密封车底焊缝，主要作用是防腐蚀和防漏水。

（2）底部 PVC 涂层密封：使用 PVC 密封胶喷涂在车底和轮罩等部位，主要作用是减少行驶过程中溅起的碎石撞击车底产生的噪声和破坏。

密封生产线多采用机器人自动涂胶系统喷涂底部 PVC，并自动控制胶体的黏度，除部分细密封工位采用人工喷涂外，其余均可采用机器人自动喷涂。涂胶完成后送入 PVC 凝胶房进行预凝胶处理。使用的 PVC 预凝胶是以聚氯乙烯树脂为主要基料和增塑剂制成的涂料，固体成分含量一般为98%，其余为烃类溶剂，在凝胶时排放有机废气。烘干后还需人工对车身进行检查，若发现车身电泳存在缺陷，人工使用水砂纸对车身电泳漆缺陷处进行打磨。经检查合格后经输送带进入喷涂段，见图 1－9。

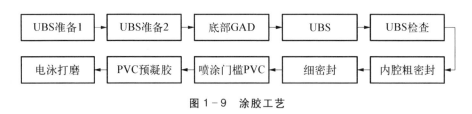

图 1－9　涂胶工艺

3）喷涂

按涂层组成可分为中涂喷漆、色漆（面漆）喷涂、罩光漆喷涂等。按照涂装工艺可分为乘用车 3C2B 和 3C1B 体系，载货汽车 2C1B 和 1C1B 体系，客车多喷涂多烘干体系，车身零部件 3C1B、2C1B、1C1B 体系。按涂料类型可分为水性涂料、溶剂型涂料和固体粉末涂料。涂料类型组合以 $mCnB$（XYZ）表示，m 代表喷涂次数，n 代表烘干次数，通常 $m \leqslant 3$（不含客车套色漆），$n \leqslant 2$。$m = 3$ 时，X、Y、Z 分别代表中涂漆、色漆和罩光漆所采用的涂料类型；$m = 2$ 时，X、Y 分别代表中涂漆和单层色漆；$m = 1$ 时，X 代表单层色漆。水性涂料、溶剂型涂料、高固体分溶剂型涂料分别以 W、S 和 H 表示。按喷涂作业分为机器自动喷涂和人工喷涂。各涂层作业均有准备、喷涂和流平等工艺环节，见图 1-10。

图 1-10　喷涂工艺环节

中涂可以避免紫外线对其下方电泳涂层产生分解作用，可以为电泳涂层表面填补任何细小的不平整。有色中涂有四种标准的色彩基调，可以帮助减少底色漆厚度。中涂系统可以使用溶剂型涂料或水性涂料。中涂层固化通过中涂烘干室溶剂闪干工序达成。在车身进入表面涂装线之前进行质量检测，主要检测上游涂装步骤和手工打磨的表面缺陷。

色漆又称面漆，决定了整体漆面的颜色和效果（如金属、珠光等）。溶剂型涂料粘接依靠聚酯和三聚氰胺树脂，在水性涂料中，还使用丙烯酸酯和聚氨酯。颜料可以是有机的或无机的（钛或铁的氧化物、硅酸盐），不含铅、镉和铬等重金属。有机颜料可能含有少量的铜或镍，它们结合在配合物或卤化物中。溶剂型和水性系统都存在于世界范围内的汽车工业中。湿漆在闪干区干燥，但未固化，然后转移到清漆喷涂室。部分颜料可以没有额外的清漆涂层，作为溶剂型的单层色漆。

罩光清漆又称清漆，最终的涂料层是清漆涂层，其特点是光泽度高、清晰度优、丰满度好，同时具有一定的硬度、耐磨性、耐候性等。它是基于丙烯酸酯和聚酯树脂的组合。通常，基于溶剂型的 2K 系统使用异氰酸酯固化剂，固化剂添加处应尽可能接近喷雾系统。

流平是喷涂车身受漆后，在密闭隧道内运行 10～15 min，称为挥发流平，目的是使湿漆工件表面的溶剂挥发，保证漆膜的平整度和光泽度。

喷漆室是保证涂装漆膜外观质量最重要的生产设施。按工艺中送排风的组织形式，喷漆室分为无送风侧排风水帘喷漆室、侧送风侧排风水帘喷漆室、顶送风底排风湿式喷漆室、顶送风底排风干式喷漆室等。

汽车整车生产企业常见的湿式喷漆室有水旋喷漆室或文丘里喷漆室。

喷漆室采用顶送风底排风的气流组织形式,喷漆室断面气流速率为 0.40~0.60 m/s,温度在 25℃左右,湿度为 60%~80%。过喷的漆雾经文丘里或其他除漆雾设备去除。

为节约能源、减少污染物排放,近年来机器人自动喷涂+循环风技术得到了广泛的应用,喷涂废气经净化去除漆雾后,送回喷漆室空调送风系统循环使用,此时喷漆室断面气流速率可降至 0.30 m/s,喷漆室外排废气量可减少 80%以上。近年来,还出现了干式喷漆室,采用石灰粉吸附净化漆雾、纸盒过滤去除漆雾。为保证喷涂的各生产工艺环节或生产设施间的气流不相互干扰,保证作业质量,在喷涂前准备段与喷涂段、机器人喷涂段与人工喷涂段、喷涂段与流平段、流平段与烘干段之间均设置过渡段,并有风幕阻隔。通常来说,风幕通风系统与主要生产设施的送排风系统合建,构成一个完整的送排风系统。

4) 烘干

喷涂工件经流平后进入烘干室,在高温作用下通过树脂的氧化聚合、缩合聚合、加成聚合等化学反应使液体或熔融的低分子树脂转化为固态的高分子化合物,所形成的涂膜不再被溶剂溶解或受热熔化。烘干分为直接热风(燃料燃烧烟气和空气的混合气体)烘干、间接热风(燃料燃烧间接加热的空气)烘干和辐射烘干等,采用的热源主要是天然气。烘干前一般会流平,烘干后经强冷处理。烘干流程见图 1-11。

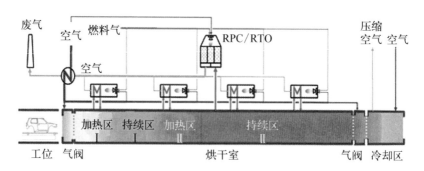

图 1-11 烘干流程图

烘干室需满足特定的升温曲线,使全车保持近似相等的温度并持续一段时间,在烘干室内不可有溶剂冷凝,需要考虑能源回用和密封性,同时还需要考虑排放的 VOCs 是否符合国家标准及地方标准。

5）修补

面漆烘干后需对漆膜进行精修精饰,打磨操作会产生少量颗粒物。若涂层有小范围缺陷,需要在点补室内进行修补。

大面积的修补则送至离线打磨室进行除漆膜作业,以便能够重新进行涂层施工,之后再返回喷漆房重新喷涂。

8. 注蜡

涂装完成后,需要对车身内腔注蜡或灌蜡。使用 120℃ 高温液化固体蜡通过空腔注蜡、滴蜡、车门喷蜡和底部擦蜡等方式在车体内腔形成一层均匀的蜡膜,有效避免水分对车体内腔造成的腐蚀,以延长车身使用寿命,见图1-12。涂蜡材料有溶剂型蜡、水性蜡和纯蜡等。

图 1-12 注蜡工艺

9. 装配

装配分为物流分拣配送、组装和总装。物流分拣配送为组装或总装配送各种零配件,组装为各种部件的装配,总装为最终产品的装配。

10. 下线检验

下线检验分为产品出厂检测和产品性能检测。包括整车下线检测、发动机出厂检测、产品研发试验等。

1.2.2 客车生产工艺

客车生产过程包括底盘生产、车身生产、涂装生产和整车总装,见图1-13。

底盘生产主要包括底盘的配套装配。车身生产过程包括内、外蒙皮薄板下料、冲压、车架装配和焊接等工序。涂装包括前处理、电泳、打胶、刮腻子、发泡、中涂、面漆、彩条、罩光漆、喷舱体、补漆和烘干等过程。整车总装是指在车身成品基础上,安装发动机、变速箱(或电机、电池)、车

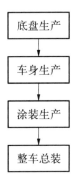

图 1-13
客车生产过程

桥、座椅和内饰等。

客车生产过程中的涂装基本工艺流程与乘用车类似,见图 1-14。其要求相比于乘用车更加简单,具有喷涂面积大、平面多、颜色种类多、作业周期长等特点。

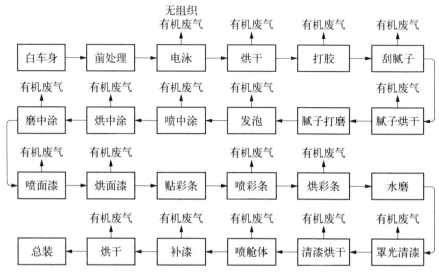

图 1-14 典型客车涂装线生产工艺

1. 前处理

前处理指对车身进行彻底清洁和去油污,以消除车身上所有的污渍,便于施行后续喷涂。

2. 电泳

采用浸涂工艺,完成预处理的车身通过在水性涂料槽中移动来进行浸涂,电泳会在车身上形成一层平整均匀且防腐蚀的膜,作为后续喷涂的基底。

3. 打胶

对焊缝涂覆密封胶,对车底涂覆防震涂料,对冲压工件折边处涂覆保护胶。

4. 刮腻子

刮腻子的目的是降低被涂物的不平整性。腻子刮在干透的涂层上,一次涂刮厚度一般不超过 0.5 mm。通常按照刮腻子、腻子烘干和腻子打磨的顺序重复 2~3 次,先厚刮再薄刮,增强腻子层的强度,进一步提高平整度。

5. 发泡

车身内部涂装发泡材料,起到保温、防火、隔声等效果。

6. 中涂、面漆、罩光漆

采用机器人自动喷涂或人工喷涂方式,达到饱满、明亮、平整的外观效果,抵御环境因素对涂层的侵蚀。

7. 彩条

根据客户要求喷绘、张贴指定数量和图案的彩条。

8. 喷舱体

客车舱体内部进行喷涂。

9. 补漆

若涂层有小范围缺陷,需要进行修补。

10. 烘干

通常采用蒸汽烘干和煤气烘干,温度保持在 60~80℃,使涂料固化成型。

近年来,客车涂装工艺逐渐呈现乘用车化的趋势,国内外的高档客车生产开始采用与乘用车相同的涂装工艺,部分企业逐步开始采用电泳底漆工艺,并引进机器人自动喷涂设备。

1.3　涂 装 原 料

涂料是汽车涂装生产的主要原料,也是 VOCs 的主要来源。按照用途,涂料可分为原厂漆、修补漆、零部件漆、PVC 抗石击涂料等。从全国范围来看,原厂漆占全部乘用车涂料使用量的约 50%,修补漆占 21.58%,零部件漆占 14.09%。其中,原厂漆中电泳涂料使用量最高,其次是色漆,中涂与清漆相当,见图 1-15。

原厂漆是能够进入汽车喷涂线,并能够在涂装车间快速高温烘烤的车身漆,也被称为高温汽车漆。

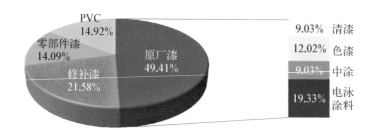

图 1－15　汽车涂料主要品种及使用比例

修补漆用于汽车表面损伤修补护理的车漆。

零部件漆主要包括仪表盘、保险杠、底盘、轮毂、车灯、后视镜等配件所用的漆。

PVC 主要用于汽车底盘及挡泥板，主要基料为 PVC 树脂。

2018 年我国汽车制造厂的涂料使用量约为 118.8 万吨(见表 1－4)，其中水性涂料占比 2/3，溶剂型涂料占比 1/3。这些有机溶剂使用环节会产生大量 VOCs，VOCs 的无序排放会产生复合大气污染问题，如恶臭污染，严重时会对人体产生毒害影响。

表 1－4　汽车行业涂料消耗

年　　份	2015 年	2016 年	2017 年	2018 年
涂料总产量/万吨	1 717.6	1 900.0	1 661.8	1 759.8
汽车涂料产量/万吨	169.6	194.5	200.8	220.0
汽车制造厂涂料使用量/万吨	90.7	104.1	107.4	118.8

汽车涂料的发展历经溶剂性漆→硝基漆→合成树脂涂料(如环氧树脂、氨基醇酸、丙烯酸、聚酯、聚氨酯等)涂料→环保型(低 VOCs)涂料的过程，是一个不断提升性能和环保指标的过程。

近年来，随着环保要求的不断提升和涂料技术的不断发展，水性涂料、粉末涂料以及高固体分涂料等绿色环保涂料逐步取代传统的溶剂型涂料，成为汽车涂料的主流。采用环保型涂料可以从源头上减少 VOCs 的排放。

　　水性涂料将水作为分散介质,主要分为浸用水性涂料、电泳涂料、水性中涂、水性色漆、水性防腐涂料、水性罩光涂料、水性浆状粉末涂料等多种类型。采用水性涂料可以大大降低 VOCs 的排放量。采用溶剂型涂料的汽车制造企业单位涂装面积 VOCs 排放量约为 $100\ \mathrm{g/m^2}$,而采用水性涂料,单位涂装面积 VOCs 排放量可降至 $30\sim40\ \mathrm{g/m^2}$。近年来,国内新建涂装生产线已普遍采用水性中涂＋水性色漆＋双组分罩光清漆的涂装工艺。

　　粉末涂料是以微细粉末的状态存在的,如果不使用溶剂,理论上不排放 VOCs,但在烘干固化过程中可能散发出低分子 VOCs。粉末涂料较多应用于金属零部件涂装,车身涂装主要用于中涂和罩光清漆。

　　高固体分涂料的固体分含量大于传统溶剂型涂料和水性涂料,主要采用低黏度的聚酯、丙烯酸树脂以及高固体分的氨基树脂,通常用作色漆、罩光清漆、塑料专用涂料和修补用涂料等。各类涂料有机溶剂组分及材料消耗量见表 1－5。

表 1－5　各类涂料有机溶剂组分及材料消耗量

涂　　层	VOCs 含量 /%	固体分含量 /%	VOCs/ 固体分比例	材料消耗量/(kg /车)	干膜厚度 /μm
溶剂型中涂	35～50	50～65	0.5～1.0	1.1～2.8	20～40
水性中涂	5～12	45～55	0.1～0.26	1.2～2.4	20～40
溶剂型中固体分色漆	78～82	18～22	3.6～4.5	1.4～3.5	10～15
溶剂型高固体分色漆	55～65	35～45	1.3～1.8	1.5～2.2	12～20
溶剂型超高固体分面漆	20～25	75～80	0.25～0.33	2.9～3.8	35～45
水性色漆	12～17	16～22	0.6～1.0	2.3～3.5	10～15
水性面漆	18～22	45～50	0.36～0.49	1.9～2.1	35～45
溶剂型 1 k 清漆	40～50	50～60	0.66～1.00	2.0～3.0	40～45
溶剂型高固体分 2 k 清漆	35～45	55～65	0.7～0.8	1.4～2.4	30～55

1.3.1 乘用车涂装原料

乘用车涂装原料主要包括电泳涂料、中涂涂料和面漆,见表 1-6。

表 1-6 涂料类型

涂料类型	涂 层		主 要 组 分
车身原厂漆	电泳涂料		环氧树脂、丙烯酸树脂
	中涂涂料		聚酯、改性树脂
	面漆	底色漆	聚氨酯、丙烯酸酯
		清 漆	双组分丙烯酸、聚氨酯基

电泳涂料有环氧阴极电泳涂料和底面合一型丙烯酸阴极电泳涂料两种。前者适用于车身涂装,后者适用于车架涂装。环氧阴极电泳涂料属于水性涂料,以环氧树脂为主体树脂,以封闭型芳香族聚氨酯为交联剂,以有机酸为中和剂,此外还有一定的颜料和补充溶剂等。阴极电泳底漆分为厚膜(25~35 μm)和薄膜(20~25 μm)两种。底面合一型丙烯酸阴极电泳涂料以丙烯酸树脂为主体树脂,以封闭型脂肪族聚氨酯为交联剂。即用状态下的电泳涂料中,固体含量为 16%~22%、有机溶剂含量为 1%~2%。

中涂涂料具有碎石保护、避免紫外线引起的电泳底漆分解、填充车身表面不平整或滚动纹理缺陷等功能,主要有聚酯、三聚氰胺和(或)聚氨酯树脂等类型,均有水性和溶剂型两种。

面漆有单层面漆和双层面漆两种。单层面漆颜色较为单调。双层面漆由底色漆和清漆组成,底色漆决定面漆的颜色,清漆提高车身外观光学质量。单层面漆、底色漆和清漆均有水性和溶剂型两种。按组分来分,面漆和清漆均可由单组分和双组分组成。

涂料使用还要用到清洗溶剂。清洗溶剂分为水性清洗溶剂和溶剂型清洗溶剂两种,与涂料配合使用。溶剂型涂料采用纯溶剂进行清洗,水性涂料含溶剂 10%~15%。

空腔蜡用于车身腔体保护,VOCs 含量约为 50%。密封胶包括焊缝密封胶、折边胶、隔振隔声阻尼材料等,VOCs 含量为 2%~5%。

1.3.2　客车涂装原料

客车涂料与乘用车大体相似,车身涂装常用的涂料包括电泳、中涂、面漆、清漆等。客车所用涂料大多属于低温固化双组分涂料(电泳除外),可以自干也可以低温(不高于 80℃)烘干,较多使用中低固体分溶剂型涂料,VOCs 含量较高。

电泳是涂覆于底材上的第一道涂层,对于多种材质的构件,大多数客车厂选用多功能型低温型双组分环氧漆,涂层膜厚一般要求控制在 20~30 μm。

中涂的主要功能是填补砂眼,改善被涂工件表面和底漆涂层的平整度。客车常用丙烯酸树脂聚氨酯中涂漆,涂层膜厚一般控制在 30~40 μm,湿碰湿喷涂 2~3 遍即可。

客车清漆和面漆采用耐候性、保光保色性、耐紫外光性、耐旋光性良好的丙烯酸聚氨酯和丙烯酸为主体的双组分低温烘干涂料。中低档客车喷涂素面漆通常采用在面漆最后一遍喷涂时加入适量清漆湿碰湿的喷涂工艺,涂层膜厚一般控制在 50~60 μm。高档客车采用喷完双组分素色面漆干燥后,再湿碰湿喷涂罩光清漆 2~3 遍的工艺。素色面漆的涂层膜厚一般为 50~55 μm,清漆的涂层膜厚一般为 4 μm 左右。

此外,客车生产由于车型多、产量小、体积大,投入模具不经济,因此白皮车身蒙皮平整度差,需要使用大量的腻子填平。腻子是由不饱和聚酯树脂和苯乙烯通过添加大量的填充料混合而成的,是一种含填充料较多的涂料。

1.4　排　放　现　状

汽车制造业生产的产品品种多,生产工序长,使用原料种类多、数量大,这就导致其生产过程产生的“三废”体量大、成分复杂、污染危害严重。主要的废气污染物包括烟尘、二氧化硫、氮氧化物、VOCs、油雾、酸雾等。其中VOCs 是汽车制造业产生的最主要的大气污染物之一。

1.4.1 产排污环节

汽车制造业 VOCs 产排污环节包括含 VOCs 物料储运、含 VOCs 物料使用和敞开液面,见图 1-16。

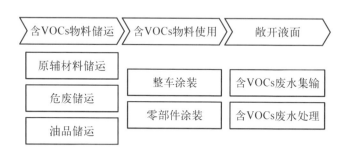

图 1-16 汽车制造业 VOCs 产排污环节

1. 含 VOCs 物料储运产排污环节

汽车制造企业含 VOCs 的物料包括涂料、有机溶剂等原辅材料,以及废涂料桶、废溶剂、废漆渣等危险废物(以下简称危废)及储存的油品等。

含 VOCs 的涂料、有机溶剂等原辅材料一般储存于专门的涂料及溶剂仓库(图 1-17)中,物料中 VOCs 可通过无组织排放进入环境空气。在含 VOCs 原辅材料的输送过程中,储罐中涂料及溶剂的 VOCs 会产生无组织排放。因此整车企业一般采用管道式输调漆系统(图 1-18),该系统直接将储罐中的涂料通过隔膜泵打入调漆缸,减少 VOCs 的无组织排放。此外,在取用涂料及有机溶剂时,物料中的 VOCs 还会通过敞开的容器口排放。

图 1-17 涂料及溶剂仓库　　图 1-18 管道式输调漆系统

废涂料桶(图 1 - 19)、废溶剂、废漆渣(图 1 - 20)等危废在产生之后需要转运至专门的危废储存点,在转运过程中 VOCs 可能通过逸散及泄漏等过程产生无组织排放。

图 1 - 19　废涂料桶

图 1 - 20　废漆渣

整车制造企业一般配备有储油库、加油站或油罐车,在油品的储运过程(图 1 - 21)中也会产生 VOCs 的无组织排放。

图 1 - 21　油品储运过程

2. 含 VOCs 物料使用产排污环节

汽车制造涉及的开卷下料、涂油脂、冲压、焊接(铆接、粘接)、预处理、转化膜处理、涂装、装配和下线检验等生产过程污染物排放情况如下。

1）开卷下料

砂轮切割产生颗粒物,气割、等离子切割产生含尘烟气,主要污染物是颗粒物、氮氧化物,不产生 VOCs。

2）涂油脂

加工过程产生油雾(废气污染物,属于 VOCs)或含油废水。

3）冲压

冲压模具需要定期清洗。模具定期清洗有采用干冰的干式清洗和采用清洗剂的湿式清洗两种形式,其中湿式清洗产生含油废水。

4）焊接(铆接、粘接)

焊接过程中,弧焊机产生焊接烟气,主要污染物是颗粒物;钎焊机产生焊接烟气,主要污染物是颗粒物,不产生 VOCs。采用砂轮机等打磨时,产生颗粒物,不产生 VOCs。铆接用于车架生产,不产生废气、废水污染物。粘接用于复合材料车身部件的制作,也用于装配车间玻璃的安装,产生 VOCs。

5）预处理

脱脂形式有溶剂擦洗和化学脱脂等。溶剂擦洗的主要污染物是 VOCs。化学脱脂采用碱性脱脂剂,液体介质蒸发产生碱性工艺废气,主要污染物是少量的碱性物质等。化学脱脂包括预脱脂和脱脂,均产生脱脂废液,工件清洗产生含油废水,污染因子是石油类、COD、pH 等。表调液为钛盐缓冲溶液,需要定期更换,污染因子是 pH。

6）转化膜处理

磷化工序产生磷化废水(液),污染因子主要是总锌、总锰、pH、磷酸盐及第一类污染物总镍。磷化后,若还采用含铬钝化,则其废水(液)中还含有总铬和六价铬。部分企业已经采用无镍磷化、无铬钝化工艺,或以锆化、硅烷化工艺代替含镍磷化工艺。锆化、硅烷化处理过程不产生第一类重金属污染物,其废水主要污染因子是 pH,主要污染物是氟化物。

7）涂装

整车制造过程中的 VOCs 主要来源于涂装工艺环节,见图 1－22。涂装用到的涂料、稀释剂、固化剂、清洗剂等含 VOCs 的原辅材料,在电泳底漆烘干,中涂、色漆和清漆喷涂及烘干过程均排放大气污染物。其中 50% 来自中涂漆、色漆和清漆,30% 来自清洗溶剂。由于车身密封和喷防护蜡中的 PVC 及防护蜡中的 VOCs 含量相对较少,故这两个步骤不是主要的排污环节。汽车涂装产生的 VOCs 具有大风量、中低浓度的特点。

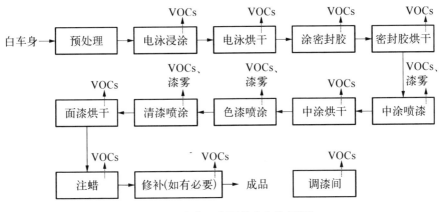

图 1-22　涂装工艺环节产生的 VOCs

涂装过程中涂料及清洗剂中 VOCs 在不同阶段的排放比例不同,喷漆室排放比例最大,85%~90% 在喷漆室和流平室排放,10%~15% 在烘干室中排放,见表 1-7。

表 1-7　不同工艺环节 VOCs 排放比例　　　　　(单位:%)

工艺环节	喷漆室	流平室	烘干室
中涂	60	25	15
色漆	85	5	10
罩光清漆	60	25	15

喷涂废气与烘干废气排放风量及 VOCs 浓度也具有不同特点,见表 1-8。

(1)电泳。电泳工序 VOCs 排放主要分两部分,一部分 VOCs 在电泳底漆浸涂环节排放到电泳室,另一部分 VOCs 通过电泳烘干排放到烘干室。

(2)涂密封胶。焊缝胶、裙边胶以及底涂胶固体分含量较高,但也含有少量 VOCs,这部分 VOCs 主要在烘干室内散发出来。

表 1-8 不同工艺环节 VOCs 排放特点

工 序		排放风量/(m³/h)	VOCs 浓度	其他特点
喷涂	中涂	150 000~700 000	中低浓度	含湿量高
	色漆			
	罩光清漆			
烘干	电泳烘干	3 000~60 000	高浓度	高温
	中涂烘干			
	清漆烘干			

（3）喷涂。涂装原辅材料中的 VOCs 在喷漆过程中排放,包括芳香烃、醇醚类和酯类等。由于喷漆室的排风量很大,稀释作用明显,因此污染物排放浓度较低,通常在 100 mg/m³ 以下。另外,喷涂排气中含有少量未处理完全的漆雾,特别是干式漆雾捕集喷漆室的排气中漆雾较多。流平室排放废气 VOCs 组分与喷漆室相近,但不包含漆雾。排放浓度通常为喷漆室的 2 倍左右,与喷漆室排风混合后集中处理。

（4）烘干。烘干废气的成分比较复杂,除有机溶剂、部分增塑剂或树脂单体等挥发性组分外,还包含热分解生成物和反应生成物。烘干电泳涂料和溶剂型涂料时均有废气排放,但其组分与浓度差别较大。电泳底漆采用水性涂料,其烘干废气中除本身含有少量的醇醚类有机物外,还包含醛酮类小分子等热分解生成物。电泳烘干废气中的污染物浓度通常低于溶剂型涂料的烘干废气。溶剂型涂料烘干废气的主要成分与喷漆室废气相近,另含有少量增塑剂、树脂单体或固化反应产生的有机小分子等挥发性组分。

（5）修补。修补产生喷涂和烘烤废气,产生的 VOCs 主要来自修补中使用的涂料。

（6）注蜡。注蜡作业产生少量 VOCs,来源为注蜡材料中含 VOCs 的组分。

8) 装配

发动机装配工件清洗产生含油废水。整车装配后需要进行淋雨试验来检查车辆的密闭性。淋雨试验定期排放少量含油废水。

9) 下线检验

整车下线产生的尾气中, 主要污染物是颗粒物、氮氧化物和碳氢化合物等。发动机产品出厂前也需要进行检测试验, 其主要污染物有氮氧化物、VOCs、颗粒物、一氧化碳等。

3. 敞开液面产排污环节

汽车制造过程中产生的生产废水主要包括脱脂含油废水、表调磷化废水、电泳喷漆废水、总装及冲压车间废水。涂装车间的脱脂工艺废水、磷化工艺废水、喷漆工艺废水进入涂装废水处理站进行处理, 见图 1-23。涂装车间预处理过的废水、冲压车间的模具清洗废水、总装车间工艺废水、生活污水等进入厂区综合污水处理站, 见图 1-24。

这些废水的集输及处理过程也会有 VOCs 产生, 依据《挥发性有机物无组织排放控制标准》(GB 37822—2019), 需要针对含 VOCs 废水集输及处理的敞开液面的 VOCs 无组织排放施行控制措施。

图 1-23　涂装废水处理站

图 1-24　厂区综合污水处理站

1.4.2　特征污染物

汽车制造业排放的 VOCs 主要来源于涂料、稀释溶剂、密封胶和清洗溶剂等原辅材料。通过查阅相关产品说明书,总结原辅材料中主要 VOCs 组分,见表 1-9。

表 1-9　汽车制造原辅材料中主要 VOCs 组分

	主要 VOCs 组分
乘用车	乙酸丁酯、正丁醇、异丁醇、二甲苯、异丙苯、乙苯、1,2,4-三甲苯、1,3,5-三甲苯、乙酸乙烯酯、乙酸仲丁酯
客车	二甲苯、正丁醇、乙酸丁酯
小结	主要 VOCs 组分包括:乙酸丁酯、正丁醇、异丁醇、二甲苯、异丙苯、乙苯、1,2,4-三甲苯、1,3,5-三甲苯、乙酸乙烯酯、乙酸仲丁酯

通过实际监测结果统计得出主要排放 VOCs,见表 1-10。

表 1 - 10 汽车制造主要排放 VOCs 组分

	主要排放 VOCs 组分
乘用车	甲乙酮、间二甲苯、对二甲苯、邻二甲苯、乙苯、甲苯、1,2,4 - 三甲苯、1,3,5 - 三甲苯、甲基异丁基酮、乙酸乙酯、丙酮、异丙醇、4 - 乙基甲苯、苯乙烯、环己烷、乙酸乙烯酯、庚烷、苯、氯甲烷、1,2 - 二氯乙烷
客车	乙苯、间二甲苯、对二甲苯、甲苯、乙酸乙酯、丙酮、邻二甲苯、氯甲烷、乙酸乙烯酯、正己烷、苯乙烯
小结	主要排放 VOCs 种类包括：间二甲苯、对二甲苯、甲乙酮、邻二甲苯、乙苯、甲苯、1,2,4 - 三甲苯、1,3,5 - 三甲苯、异丙醇、乙酸乙酯、丙酮、甲基异丁基酮、乙酸乙烯酯、异丙醇、氯甲烷、正己烷

由表 1 - 9、表 1 - 10 可见，汽车制造业排放的 VOCs 组分主要包括：苯、甲苯、间二甲苯、对二甲苯、邻二甲苯、1,2,4 - 三甲苯、1,3,5 - 三甲苯、乙苯、苯乙烯、异丙醇、正丁醇、异丁醇、丙酮、甲乙酮、甲基异丁基酮、乙酸乙酯、乙酸乙烯酯和乙酸丁酯。

1.4.3　环境危害

VOCs 是汽车制造业最主要的大气污染物之一，其对环境的危害主要有以下几点：VOCs 普遍具有光化学活性，是形成 $PM_{2.5}$ 和臭氧的重要前体物质，不少 VOCs 还能增强温室效应，有些还具有累积性和持久性等特点。随着经济的发展，VOCs 的排放总量正逐年增加，导致光化学烟雾、城市灰霾等复合大气污染时有发生。某些 VOCs 组分（如苯、甲苯、二甲苯等）对人体具有较大的危害，有些物质是已经确定的致癌物质，有些物质对人体有不可逆的慢性毒性，甚至有遗传毒性，长期接触会严重影响人体健康。很大一部分 VOCs 具有异味，会严重影响人们的生活质量。近年来不断增多的恶臭污染投诉中，汽车企业占有相当的比例，问题日益严重。

1. 毒性与健康危害

VOCs 组分对人体健康影响分为三种：一是感官刺激，包括气味对感官的刺激，还会使人感觉皮肤干燥等；二是黏膜刺激和其他系统毒性导致的病态,刺激眼黏膜、鼻黏膜、呼吸道和皮肤等,VOCs 组分很容易通过血−脑屏障,从而导致中枢神经系统受到抑制,使人产生头痛、乏力、昏昏欲睡和不舒服的感觉;三是基因毒性和致癌性。因此 VOCs 组分的毒性与健康危害也是单项控制指标选取的重要依据,通过控制毒性较强、对人体健康影响较大的 VOCs 组分,可以最大限度地体现标准的实用性。因此,以上述筛选的汽车涂装行业 VOCs 特征污染物为基础,分析其毒性与健康危害,见表 1−11。

表 1−11 汽车制造业 VOCs 特征污染物的毒性与健康危害

VOCs 组分	毒 性 与 健 康 危 害
苯	中等毒性。LD_{50}:3 306 mg/kg(大鼠经口),48 mg/kg(小鼠经皮)。高浓度苯对中枢神经系统有麻醉作用,引起急性中毒;长期接触苯对造血系统有损害,引起慢性中毒
甲苯	中等毒性。LD_{50}:1 000 mg/kg(大鼠经口);12 124 mg/kg(兔经皮)。LC_{50}:5 320 mg/kg,8 h(小鼠吸入)。对皮肤、黏膜有刺激作用,对中枢神经系统有麻醉作用
间二甲苯 对二甲苯 邻二甲苯	中等毒性。LD_{50}:5 000 mg/kg(大鼠经口)。LC_{50}:19 747 mg/m³,4 h(大鼠吸入)。大鼠经口最低中毒剂量(TDL_0):19 mg/m³。二甲苯对眼及上呼吸道有刺激作用,高浓度对中枢神经有麻醉作用,短时吸入较高浓度可出现眼及上呼吸道刺激等症状
1,3,5−三甲苯 1,2,4−三甲苯	低毒性。蒸气或雾对眼、黏膜和上呼吸道有刺激作用。接触后可引起头痛、头晕、恶心、麻醉作用。可引起皮炎。1,3,5−三甲苯毒性强度与二甲苯相同。空气中最高容许浓度为 125 mg/m³
乙苯	中等毒性。本品对皮肤、黏膜有较强刺激作用,高浓度有麻醉作用。LD_{50}:3 500 mg/kg(大鼠经口),5 g/kg(兔经皮)
苯乙烯	低毒性。LD_{50}:5 000 mg/kg(大鼠经口)。LC_{50}:24 000 mg/m³,4 h(大鼠吸入)。人吸入 3 500 mg/m³×4 h,明显刺激症状,意识模糊、精神萎靡、共济失调、倦怠、乏力;人吸入 920 mg/m³×20 min,上呼吸道黏膜刺激。对眼和上呼吸道黏膜有刺激和麻醉作用。高浓度时,立即引起眼及上呼吸道黏膜等的刺激反应

续　表

VOCs 组分	毒 性 与 健 康 危 害
异丙醇	低毒性。LD_{50}：5 045 mg/kg（大鼠经口），12 800 mg/kg（兔经皮）。接触高浓度蒸气出现头痛、倦怠嗜睡、共济失调，以及眼、鼻、喉刺激症状。长期皮肤接触可致皮肤干燥、皲裂
正丁醇	低毒性。本品具有刺激和麻醉作用。主要症状为眼、鼻、喉部刺激，在角膜浅层形成半透明的空泡，头痛、头晕和嗜睡，手部可发生接触性皮炎
异丁醇	微毒性。LD_{50}：2 460 mg/kg（大鼠经口），4 940 mg/kg（兔经皮）。轻度刺激皮肤，强烈刺激眼、黏膜和呼吸道。接触高浓度的蒸气可引起暂时性麻醉
丙酮	微毒性。对神经系统有麻醉作用，并对黏膜有刺激作用
甲乙酮	低毒性。LD_{50}：3 400 mg/kg（大鼠经口），6 480 mg/kg（兔经皮）。对眼、鼻、喉、黏膜有刺激性。长期接触可致皮炎
甲基异丁基酮	低毒性。LD_{50}：2 080 mg/kg（大鼠经口）。LC_{50}：8 000 mg/kg 4 h（大鼠吸入）。人吸入 4.1 g/m^3 时引起中枢神经系统的抑制和麻醉
乙酸乙酯	低毒性。LD_{50}：5 620 mg/kg（大鼠经口），4 940 mg/kg（兔经口）。LC_{50}：5 760 mg/m^3，8 h（大鼠吸入）。人吸入 2 000 mg/kg×60 min，引起严重毒性反应；人吸入 800 mg/kg，有病症
乙酸乙烯酯	低毒性。LD_{50}：2 900 mg/kg（大鼠经口），2 500 mg/kg（兔经皮）。LC_{50}：14 080 mg/m^3，4 h（大鼠吸入）。对眼、皮肤、黏膜和上呼吸道有刺激作用，长时间接触有麻醉作用
乙酸丁酯	低毒性。LD_{50}：13 100 mg/kg（大鼠经口）。对眼及上呼吸道均有强烈的刺激作用，有麻醉作用

　　由表 1-11 可见，苯、甲苯、二甲苯和乙苯等苯系物的毒性较强，属于中等毒性，其余 VOCs 组分的毒性较低，属于低毒性或微毒性。

　　2. 光化学反应活性

　　排放至大气中的 VOCs 组分与氮氧化物、一氧化碳等一次污染物在大气中经紫外线照射,发生光化学反应,形成的最终产物为 O_3 和 $PM_{2.5}$。随着 $PM_{2.5}$ 成为环境保护工作的重点,作为光化学反应前体物的 VOCs 组分排放控制也得到越来越多的重视。

美国加利福尼亚州空气资源管理委员会(CARB)采用最大增量反应活性系数(maximum incremental reactivity,MIR)表示单位质量 VOCs 组分生成 O_3 的潜势(OFP),以此评价其光化学反应活性大小。MIR 值越大,表示单位质量的 VOCs 组分生成的 O_3 越多,即对光化学污染的贡献越大。以上述筛选的汽车涂装 VOCs 特征污染物为基础,分析其 MIR 值,见表 1 - 12。

表 1 - 12　汽车制造业 VOCs 特征污染物光化学反应活性分析

VOCs 组分	MIR 值/ (g O_3/g VOCs)	VOCs 组分	MIR 值/ (g O_3/g VOCs)
苯	0.72	异丙醇	0.61
甲苯	4.00	正丁醇	2.88
间二甲苯	9.75	异丁醇	2.51
对二甲苯	5.84	丙酮	0.36
邻二甲苯	7.64	甲乙酮	1.48
1,3,5 -三甲苯	11.76	甲基异丁基酮	3.88
1,2,4 -三甲苯	8.87	乙酸乙酯	0.63
乙苯	6.57	乙酸乙烯酯	3.20
苯乙烯	1.73	乙酸丁酯	0.83

由表 1 - 12 可见,甲苯、二甲苯、三甲苯和乙苯的 MIR 值较大,它们的光化学反应活性较强。

第2章 国内外汽车制造业 VOCs 排放标准

2.1 国外标准

2.1.1 美国

美国对工业涂装 VOCs 排放的管控起步较早,在 20 世纪 60 年代就要求企业涂装过程排放到大气中的 VOCs 低于所使用溶剂总量的 15%。随后发布的《新污染源排放标准》(*Standards of Performance for New Stationary Sources*,简称 NSPS),对不同类型涂装企业排放的 VOCs 和有害大气污染物(hazardous air pollutants,简称 HAPs)提出了控制要求,见表 2 - 1。

表 2 - 1 NSPS 中汽车行业涂装相关排放限值

涂装对象			VOCs 限值要求
汽车和轻型卡车表面涂装	底漆	电泳	$R_t^{①} \geqslant 0.16, 0.17 \text{ kg/L}$
			$0.16 > R_t \geqslant 0.04, 0.17 \times 350^{(0.16-R_t)} \text{ kg/L}$
			$0.04 > R_t, —$
		非电泳	0.17 kg/L
	中漆		1.40 kg/L
	面漆		1.47 kg/L
塑料及商业设备工业表面涂装	底涂/色漆		1.5 kg/L
	纹理/补漆		2.3 kg/L

注:① R_t 表示周转率,turnover ratio。

《有害大气污染物国家排放标准》(*National Emission Standards for Hazardous Air Pollutants*, 简称 NESHAP)的子类别中包含各类金属、塑料配件表面涂装。该标准的实施日期为 2004 年 1 月 2 日,它对金属配件及产品、塑料配件及产品的表面涂料排放限值做了相关规定,其中规定既存污染源及新污染源排放限值、各类污染源排放限值以单位固体涂料的体积中 HAPs 的年排放量表示。其中涉及金属、塑料配件和产品涂装的相关排放限值见表 2-2。

表 2-2　NESHAP 中涉及金属、塑料配件和产品涂装的相关排放限值

涂 装 类 型		排放限值/(kg/L)	
		既存污染源	新污染源
金属配件和产品	一般性涂装	0.31	0.23
	高性能涂装	3.3	3.3
	橡胶-金属涂装	4.5	0.081
	极端性能含氟聚合物涂装	1.5	1.5
塑料配件和产品	通用性涂装	0.16	0.16
	汽车车灯涂装	0.45	0.26
	聚烯烃热塑性弹性体涂装	0.26	0.22
	组装涂料	1.34	1.34

上述两项标准均采用工件表面沉积的单位固体分所对应的 VOCs 和 HAPs 排放量控制。但是由于考核比较困难,很少有国家采用这种指标体系。

在源头管控方面,美国对涂料的 VOCs 含量同样做了限值要求,1998 年发布的《国家汽车修补涂装 VOCs 排放标准》(*Automobile Refinish Coatings: National Volatile Organic Compound Emission Standards*),要求在美国境内维修的汽车(包括乘用车、货车、卡车和其他交通工具)所用涂料都要按照该标准(表 2-3)执行。

表 2-3　车辆表面修补涂料的 VOCs 含量限值

涂 层 分 类	VOCs 含量限值/(g/L)	涂 层 分 类	VOCs 含量限值/(g/L)
预处理清洗水	780	三或多道单面漆	630
溶剂型底漆	580	多色单面漆	680
封填底漆	550	特种涂层	840
单面漆/二道单面漆	600		

除联邦法令对汽车修补涂料的 VOCs 限值外,各州根据自身情况另设多个地方法规治理 VOCs 污染,其中最为出名的就是 2008 年南加利福尼亚州(简称"南加州")颁布的 1151 号法规(Rule 1151 Motor Vehicle and Mobile Equipment Coating Operations)。南加州地区在联邦法令的基础上对涂料 VOCs 限值进一步严格化,鉴于过去光化学烟雾事件的教训,辖区政府对 VOCs 治理政策高度关注,在南加州地区销售、使用的汽车修补涂料必须符合法规要求,见表 2-4。

表 2-4　南加州地区规定的修补涂料的 VOCs 含量限值

涂 层 分 类	VOCs 含量限值/(g/L)	涂 层 分 类	VOCs 含量限值/(g/L)
附着力促进剂	540	单涂层面漆	340
清漆	250	临时保护涂层	60
单色面漆	420	卡车底盘内衬涂料	310
多色面漆	680	底盘涂料	430
前处理涂料	660	瑕疵修复涂料	540
底漆	250	其他涂料	250
封闭底漆	250		

美国环境保护署(EPA)修订的《清洁空气修正案》(Clean Air Act Amendments of 1990,简称 CAAA),在原有 VOCs 的控制基础上又增加了 HAPs。CAAA 在大气净化法中根据各州的实际情况规定了相应的限值,见表 2-5。

表 2 - 5　美国汽车涂装排放 VOCs 限值

国　家	CAAA	VOCs 限值/(g/m²)
美　国	RACT(适当有效控制)	50
	BACT(最佳有效控制)	42
	LAER(最小可实现)	35

2.1.2　欧盟

欧盟环保标准大多以指令(directives)的形式传达到各成员国,由各国根据本国实际情况将指令转换成本国的法律和政策。在 VOCs 污染控制方面,欧盟颁布的指令主要有:环境空气质量和欧洲更清洁空气指令(Directive 2008/50/EC)、国家排放上限指令(2016/2284/EU)、溶剂指令(Directive 1999/13/EC)、涂料指令(Directive 2004/42/EC)、汽油储存和配送指令(Directive 94/63/EC)以及综合污染防治指令(Directive 96/61/EC, 2008/1/EC)。

欧盟对固定源的排放管理主要包括大型燃烧装置、废物焚烧装置、VOCs 排放以及综合污染防治指令(Council Directive 96/61/EC of 24 September 1996 concerning integrated pollution prevention and control)。其中跟涂装相关的主要有:关于特定活动和设施中使用有机溶剂的挥发性有机化合物的排放限值的指令(Council Directive 1999/13/EC of 11 March 1999 on the limitation of emissions of volatile organic compounds due to the use of organic solvents in certain activities and installations)、在装饰用涂料和涂料以及车辆清洗产品中使用有机溶剂 VOCs 的排放限值的指令(Directive 2004/42/EC of the European Parliament and of the Council of 21 April 2004 on the limitation of emissions of volatile organic compounds due to the use of organic solvents in certain paints and varnishes and vehicle refinishing products and amending Directive 1999/13/EC)以及《欧洲工业排放与污染防控一体化指令(修订案)》[Directive 2010/75/EC of the European Parliament and of the Council of 24 November 2010 on industrial emissions (integrated pollution prevention and control)]。其中,2004/42/EC 是对指令 1993/13/EC 的增补,

适用对象主要包括涂料、清漆和车辆表面整修产品三类;而 2010/75/EC 是对 1993/13/EC 的修订,主要控制对象包括汽车涂装、卷材涂装、金属涂装、木工涂装等,以单位涂装面积的 VOCs 排放量(g/m^2)表示,按溶剂的年耗量,汽车车身的年产量和车身类型,新、老涂装线来划分限值,见表 2 - 6~表 2 - 8。

表 2 - 6　欧盟各类工业涂装活动 VOCs 排放限值(2010/75/EC)

活动(溶剂消耗量限值)	阈值(溶剂消耗量限值)/(t/a)	废气排放限值/(mg C/m³)	无组织排放限值/(mg C/m³)		总排放限值/(mg C/m³)		特　殊　条　款
			新设备	已有设备	新设备	已有设备	
汽车涂层(<15 t/a)、汽车修补漆	—	50	25		—		—
卷材涂层(>25 t/a)	—	50[1]	5	10	—		(1) 对于可使用回收溶剂的技术,排放限值应为 150 mg C/m³
其他涂层,包括金属、塑料、织物[5]、纤维、薄膜、纸张的涂层	5~15 >15	100[1][4] 50/ 75[2][3][4]	25[4] 20[4]		—		(1) 排放限值应用于封闭状态进行的涂层处理和干燥处理。 (2) 第一种排放限值应用于干燥处理,第二种排放限值应用于涂层处理。 (3) 对于可使用回收溶剂的织物涂层设备,应用于涂层处理及干燥处理的总排放限值应为 150 mg C/m³。 (4) 无法在封闭环境中进行的涂层活动(如造船和飞机喷涂),可以不满足排放限值。 (5) 第(3)点所述活动包括织物的圆网印花

表 2-7 欧盟车辆涂装 VOCs 总排放限值(2010/75/EC)

活动(溶剂消耗阈值)	生产阈值(加涂层物品的年产量)/辆	总排放限值①	
		新设备	已有设备
新汽车涂层(>15 t/a)	>5 000	45 g/m² 或 1.3 kg/辆+33 g/m²	60 g/m² 或 1.9 kg/辆+41 g/m²
	≤5 000 单体车外壳或>3 500 带底盘	90 g/m² 或 1.5 kg/辆+70 g/m²	90 g/m² 或 1.5 kg/辆+70 g/m²
新车驾驶室涂层	≤5 000	65 g/m²	85 g/m²
	>5 000	55 g/m²	75 g/m²
新中小型货车和卡车涂层(>15 t/a)	≤2 500	90 g/m²	120 g/m²
	>2 500	70 g/m²	90 g/m²
新公共汽车涂层(>15 t/a)	≤2 000	210 g/m²	290 g/m²
	>2 000	150 g/m²	225 g/m²

注:① 总排放限值用所排放的以克为单位的有机溶剂与以平方米为单位的产品表面积之比,以及排放的以千克为单位的有机溶剂与车体表面积之比表示,是指安装的所有步骤,即从电镀或其他涂层过程到最终的打蜡喷漆,也包括清洁加工设备(包括在生产时间内、外使用的喷漆台等其他固定设备)时溶剂的使用。

表 2-8 欧盟涂料和清漆最大 VOCs 含量限值(2004/42/EC)

序号	产品类别	涂　料	VOCs/(g/L)(2007-01-01)(2008 年执行限值)
1	预备和清洗产品	预备产品	850
		预清洗产品	200
2	汽车底胶/阻塞物	所有类型	250
3	底漆	腻子/填料和普通的金属底漆	540
		清洗底漆	780

续　表

序号	产品类别	涂　料	VOCs/（g/L） （2007－01－01） （2008 年执行限值）
4	面漆	所有类型	420
5	特殊的罩面漆	所有类型	840

2.1.3　日本

日本早期的 VOCs 污染控制始于《大气污染防治法》和《恶臭防治法》中对光化学氧化剂、恶臭物质的限制。2004 年，日本公布了修订版《大气污染防治法》，增加了新的一章"VOCs 排放规制"，首次将 VOCs 列为管控对象。日本采取的控制体系与欧盟类似，根据喷涂室及烘干室送风量的不同，制定了汽车及其他制品涂装的 VOCs 排放量限值要求。

《挥发性有机物排放控制制度》于 2006 年 6 月开始实施，为共同推进实施 VOCs 的排放规定和提高企业的自主处理能力，"VOCs 排放规制"中设定了不同排出设施各规模条件下的排放标准，见表 2－9。

表 2－9　VOCs 排出设施及排放标准

VOCs 排出设施		规 模 条 件	排放标准 /（mg C/kg）
VOCs 溶剂化学产品制造干燥设施		风机送风能力达 3 000 m³/h 以上	600
涂装设施（喷涂）	汽车制造	风机排风能力达 100 000 m³/h 以上	现有 700 新设 400
	其他		700
粘接烘干设备（木材及木制品制造的烘干设施除外）		风机送风能力达 15 000 m³/h 以上	1 400
工业制品的清洗设备（含干燥设备）		清洗剂和空气的接触面积在 5 m² 以上	400

在推广低 VOCs 涂料方面,日本鼓励使用新型低 VOCs 涂料,于 2012 年修订的《生态标志涂料标准》(126v2 criteria A – I&K)对汽车涂料中的 VOCs 进行了限量要求,见表 2 – 10。

表 2 – 10 汽车涂料的 VOCs 含量限值

序号	产品类别	涂　料	VOCs 含量限值/(g/L)
1	车身腻子和填料	各种类型	250
2	底漆	中涂漆和一般性底漆	540
		洗涤底漆	780
3	面漆	各种类型	540

日本汽车企业的欧美工厂均按照当地排放法规执行。自 2000 年以来,日本国内开始按照德国排放标准改造和新建汽车涂装线。其中丰田汽车公司制定了 VOCs 排放量及目标值,见表 2 – 11。

表 2 – 11 丰田汽车公司制定的车身涂装 VOCs 排放量及目标值

（单位: g/m²）

项　　目	1999 年（改造前）	2005 年	2010 年
CED 底漆	5	3.1	3.1
中涂	13	12	8.4[②]
BC 底色漆	27	2.9[①]	2.5
CC 罩光清漆	11	11	11
涂层 VOCs 总排量	56	29	—
目标值	—	≤35	≤25[③]

注: ① 全面采用水性底色漆替代有机溶剂型底漆,部分采用水性中涂;
② 大量采用水性中涂;
③ 采用水性中涂、水性底色漆和罩光清漆的 3C1B 喷涂工艺,实现 VOCs 排放量: 10 g/m²; SOC: 无 Pb/Cr/PVC; CO_2: 45 kg/台。

2.2　国　内　标　准

2.2.1　国家标准

2006 年,国家环保总局发布了《清洁生产标准　汽车制造业(涂装)》(HJ/T 293—2006),首次对汽车制造业(涂装)VOCs 排放设置限值,见表 2-12。

表 2-12　汽车涂装清洁生产单位涂装面积 VOCs 排放量限值

(单位:g/m²)

涂层类别	一　级	二　级	三　级
2C2B 涂层	≤30	≤50	≤70
3C3B 涂层	≤40	≤60	≤80
4C4B 涂层	≤50	≤70	≤90
5C5B 涂层	≤60	≤80	≤100

注:一级为国际清洁生产先进水平;二级为国内清洁生产先进水平;三级为国内清洁生产基本水平。

2020 年,国家市场监督管理总局和国家标准化管理委员会修订并发布了《车辆涂料中有害物质限量》(GB 24409—2020)。该标准把汽车涂料分为水性涂料、溶剂型涂料和辐射固化涂料。各类涂料中 VOCs 含量应符合下列限量值要求,见表 2-13～表 2-16。

表 2-13　水性涂料中 VOCs 含量的限量值要求

产品类别	产品类型	限量值/(g/L)
汽车原厂涂料(乘用车、载货汽车)	电泳底漆	≤250
	中涂	≤350

产　品　类　别	产　品　类　型		限量值/（g/L）
汽车原厂涂料（乘用车、载货汽车）	底色漆		≤530
	本色面漆		≤420
汽车原厂涂料［客车（机动车）］	电泳底漆		≤250
	其他底漆		≤420
	中涂		≤300
	底色漆		≤420
	本色面漆		≤420
	清漆		≤420
汽车修补用涂料	底色漆		≤420
	本色面漆		≤420
轨道交通车辆涂料［动车组、客车（铁道车辆）、城市轨道交通车辆、牵引机车］	底漆		≤250
	中涂		≤300
	底色漆		≤420
	本色面漆		≤420
	清漆		≤420
轨道交通车辆涂料（货车）	底漆		≤250
	面漆		≤420
摩托车（含电动摩托车）和自行车（含电动自行车）涂料、车辆用零部件涂料	外饰塑胶件用涂料	底漆	≤450
		色漆	≤530
	金属件用涂料	底漆	≤350
		色漆	≤480

续　表

产 品 类 别	产 品 类 型		限量值/（g/L）
摩托车（含电动摩托车）和自行车（含电动自行车）涂料、车辆用零部件涂料	金属件用涂料	清漆	≤420
	内饰件用涂料	底漆	≤450
		底色漆	≤530
		本色面漆	≤420
		清漆	≤420
其他车辆（专项作业车、低速汽车、挂车等）涂料	底漆		≤420
	底色漆		≤420
	本色面漆		≤420
	清漆		≤420

表 2‑14　溶剂型涂料中 VOCs 含量的限量值要求

产 品 类 别	产 品 类 型			限量值/（g/L）
汽车原厂涂料（乘用车）	中涂			≤530
	底色漆			≤750
	本色面漆			≤550
	清漆	哑光清漆［光泽（60°）≤60 单位值］		≤600
		其他	单组分	≤550
			双组分	≤500
载货汽车原厂涂料及零部件涂料	底漆	单组分		≤700
		双组分		≤540
	中涂			≤500

产　品　类　别	产　品　类　型			限量值／ （g/L）
载货汽车原厂涂料及零部件涂料	底色漆	实色漆		≤680
		效应颜料漆	高装饰	≤840
			其他	≤750
	本色清漆			≤550
	清漆			≤500
汽车原厂涂料［客车（机动车）］	底漆			≤540
	中涂			≤540
	底色漆			≤770
	本色面漆			≤550
	清漆			≤480
汽车修补用涂料	底漆			≤580
	中涂			≤560
	底色漆			≤770
	本色面漆			≤580
	清漆	哑光清漆［光泽（60°）≤60 单位值］		≤630
		其他		≤480
轨道交通车辆涂料［动车组、客车（铁道车辆）、城市轨道交通车辆、牵引机车］	底漆			≤540
	中涂			≤540
	底色漆			≤770
	本色面漆			≤550
	清漆			≤560

续　表

产　品　类　别	产　品　类　型			限量值／ （g/L）
轨道交通车辆 涂料（货车）	底漆			≤540
	面漆			≤550
摩托车（含电动 摩托车）和自行车 （含电动自行车） 涂料、车辆用零部 件涂料	外饰 塑胶 件用 涂料	底漆		≤700
		色漆		≤770
		清漆	哑光清漆［光泽（60°）≤ 60 单位值］	≤650
			其他	≤560
	金属 件用 涂料	底漆		≤670
		色漆		≤680
		效应颜料漆		≤750
		清漆	哑光清漆［光泽（60°）≤ 60 单位值］	≤600
			其他　单组分	≤580
			其他　双组分	≤480
	内饰 件用 涂料	底漆		≤670
		色漆		≤770
		清漆	哑光清漆［光泽（60°）≤ 60 单位值］	≤630
			其他	≤560
其他车辆（专项 作业车、低速汽 车、挂车等）涂料	底漆			≤540
	中涂			≤540
	底色漆			≤770
	本色面漆			≤580
	清漆			≤560

表 2-15 辐射固化涂料中 VOCs 含量的限量值要求

产品类别	产品类型	限量值/(g/L)
水性	喷涂	≤400
	其他	≤150
非水性	喷涂	≤550
	其他	≤200

表 2-16 其他有毒物质含量的限量值要求

项　　目	限　量　值				
	水性涂料	溶剂型涂料	辐射固化涂料		粉末涂料
			水性	非水性	
苯含量[①]/%	—	≤0.3	—	≤0.1	—
甲苯与二甲苯(含乙苯)总和含量[①]/%	—	≤30	—	≤1	—
苯系物总和含量[①]/%[限苯、甲苯、二甲苯(含乙苯)]	≤1	—	≤1	—	—
卤代烃总和含量[①]/%(限二氯甲烷、三氯甲烷、四氯化碳、1,1-二氯乙烷、1,2-二氯乙烷、1,1,1-三氯乙烷、1,1,2-三氯乙烷、1,2-二氯丙烷、1,2,3-三氯丙烷、三氯乙烯、四氯乙烯)	—	≤0.1	—	≤0.1	—
乙二醇醚及醚酯总和含量[①]/(mg/kg)(限乙二醇甲醚、乙二醇甲醚醋酸酯、乙二醇乙醚、乙二醇乙醚醋酸酯、乙二醇二甲醚、乙二醇二乙醚、二乙二醇二甲醚、三乙二醇二甲醚)	≤300				—

续　表

项　目		限　量　值				
		水性涂料	溶剂型涂料	辐射固化涂料		粉末涂料
				水性	非水性	
重金属含量/（mg/kg）（限色漆[②]）	铅（Pb）含量	≤1 000				
	镉（Cb）含量	≤100				
	六价铬（Cr^{6+}）含量	≤1 000				
	汞（Hg）含量	≤1 000				

注：① 按产品明示的施工状态下的施工配比混合后测定，如多组分的某组分的使用量为某一范围时，应按照产品施工状态下的施工配比规定的最大比例混合后进行测定，水性涂料和水性辐射固化涂料所有项目均不考虑水的稀释比例。

② 含有颜料、体质颜料、染料的一类涂料。

2.2.2　地方标准

1. 中国香港地区

2007 年，中国香港地区发布实施了《空气污染管控（挥发性有机化合物）规例》（以下简称《规例》）以实现 VOCs 减排目标。《规例》要求从 2007 年 4 月 1 日起，分期管制建筑涂料、印刷油墨及六大类制定消费品（空气清新剂、喷发胶、多用途润滑剂、地蜡清除剂、除虫剂和驱虫剂）的 VOCs 含量。《规例》于 2009 年修订，以扩大其管制范围至其他高 VOCs 含量的产品，即汽车修补漆、船舶涂料、胶粘剂及密封剂，并于 2010 年 1 月 1 日起分期执行。2017 年，《规例》进一步修订，以涵盖润版液和印刷机清洁剂，自 2018 年 1 月 1 日起生效。其中规定了车辆修补漆 VOCs 含量限值，见表 2 - 17。

表 2 - 17　中国香港地区车辆修补漆 VOCs 含量限值

	受规管汽车修补漆料	挥发性有机化合物含量的最高限值/（g/L）
1	胶粘促进剂	840
2	透明涂料（非哑光装饰）	420

受规管汽车修补漆料		挥发性有机化合物 含量的最高限值/(g/L)
3	透明涂料（哑光装饰）	840
4	彩色涂料	420
5	多彩涂料	680
6	预处理涂料	780
7	底漆	540
8	单级涂料	420
9	临时保护涂料	60
10	纹理及柔软效果涂料	840
11	卡车货斗衬垫涂料	310
12	车身底部涂料	430
13	均匀装饰涂料	840
14	其他汽车修补涂料	250

2. 内地省市

北京、天津、河北、陕西、上海、江西、重庆、四川、广东、江苏、浙江、山东、福建、湖北、河南和辽宁共 16 个省市已制定涉及汽车制造业 VOCs 的大气污染物排放标准。排放标准的指标项目主要包括苯、甲苯、二甲苯、甲苯与二甲苯合计、苯系物、非甲烷总烃、VOCs 等。此外，北京地方标准《汽车整车制造业（涂装工序）大气污染物排放标准》（DB11/ 1227—2015）对汽车整车制造企业涂装工序使用的涂料 VOCs 含量限值进行了规定，深圳市也单独出台了低 VOCs 含量涂料技术规范，见表 2-18~表 2-22。

表 2-18　各省市已发布的相关标准

序号	标准名称	控制方式	类别
1	北京市地方标准《汽车整车制造业（涂装工序）大气污染物排放标准》（DB11/1227—2015）（2015-09-01实施）	1. 涂料 VOCs 含量限值； 2. 排气筒大气污染物排放浓度限值（苯、苯系物、非甲烷总烃、颗粒物）； 3. 无组织监控点浓度限值（监控周界，苯、苯系物、非甲烷总烃、颗粒物）； 4. 单位涂装面积 VOCs 排放量限值	大气综合性标准
2	上海市地方标准《汽车制造业（涂装）大气污染物排放标准》（DB31/859—2014）（2015-02-01实施）	1. 排气筒 VOCs 排放限值（排放浓度和排放速率，苯、甲苯、二甲苯、苯系物、非甲烷总烃、颗粒物）； 2. 无组织监控点浓度限值（监控厂界，苯、甲苯、二甲苯）； 3. 单位涂装面积 VOCs 排放量限值	
3	重庆市地方标准《汽车整车制造表面涂装大气污染物排放标准》（DB50/577—2015）（2015-03-01实施）	1. 排气筒 VOCs 排放限值（排放浓度、排放速率，苯、甲苯与二甲苯合计、苯系物、总 VOCs、非甲烷总烃、颗粒物、二氧化硫和氮氧化物，其中颗粒物适用于喷漆室，二氧化硫和氮氧化物适用于燃烧类处理设施）； 2. 无组织监控点浓度限值（监控周界，苯、甲苯、二甲苯、苯系物、总 VOCs、非甲烷总烃）； 3. 单位涂装面积 VOCs 排放总量限值	
4	浙江省地方标准《工业涂装工序大气污染物排放标准》（DB33/2146—2018）（2018-11-01实施）	1. 排气筒 VOCs 排放限值（排放浓度、处理效率，颗粒物、苯、苯系物、臭气浓度、非甲烷总烃、总 VOCs）； 2. 厂区内（非甲烷总烃），企业边界（苯、苯系物、非甲烷总烃、臭气浓度）； 3. 汽车涂装生产线单位涂装面积 VOCs 排放限值	
5	辽宁省地方标准《工业涂装工序挥发性有机物排放标准》（DB21/3160—2019）（2019-12-30实施）	1. 排气筒 VOCs 排放限值（排放浓度、排放速率、去除效率，苯、苯系物、总 VOCs、非甲烷总烃）； 2. 车间外或设施外（苯、苯系物、非甲烷总烃）； 3. 厂界监控点 VOCs 浓度限值（苯、苯系物、非甲烷总烃）	

续　表

序号	标准名称	控制方式	类别
6	广东省地方标准《表面涂装(汽车制造业)挥发性有机化合物排放标准》(DB44/816—2010)(2010 - 11 - 01 实施)	1. 涂装生产线单位涂装面积的 VOCs 排放量限值; 2. 排气筒 VOCs 排放限值(排放浓度,排放速率,苯、甲苯与二甲苯合计,苯系物,总 VOCs); 3. 无组织排放监控点 VOCs 浓度限值(监控位置厂界,苯、甲苯、二甲苯、三甲苯、总 VOCs)	
7	江苏省地方标准《表面涂装(汽车制造业)挥发性有机物排放标准》(DB32/2862—2016)(2016 - 02 - 01 实施)	1. 排气筒 VOCs 排放限值(排放浓度,排放速率,苯、甲苯、二甲苯、苯系物、总 VOCs); 2. 单位涂装面积的 VOCs 排放量限值; 3. 无组织排放监控点 VOCs 浓度限值(监控位置厂界,苯、甲苯、二甲苯、苯系物、总 VOCs)	
8	天津市地方标准《工业企业挥发性有机物排放控制标准》(DB12/T524—2020)(2020 - 11 - 01 实施)	1. 排气筒 VOCs 排放限值(排放浓度、排放速率、苯、甲苯与二甲苯合计、VOCs); 2. 汽车制造涂装生产线 VOCs 排放总量限值; 3. 厂界监控点 VOCs 浓度限值(苯、甲苯、二甲苯、VOCs)	单项标准(VOCs)
9	河北省地方标准《工业企业挥发性有机物排放控制标准》(DB13/2322—2016)(2016 - 02 - 24 实施)	1. 排气筒 VOCs 排放限值(排放浓度、采用溶剂漆的 NMHC 去除效率、非甲烷总烃、苯、甲苯与二甲苯合计); 2. 企业边界大气污染物浓度限制(非甲烷总烃、苯、甲苯、二甲苯)和生产车间或生产设备边界大气污染物浓度限值(去除效率不满足要求时执行,非甲烷总烃、苯、甲苯、二甲苯)	
10	山东省地方标准《挥发性有机物排放标准　第 1 部分:汽车制造业》(DB37/2801.1—2016)(2017 - 01 - 01 实施)	1. 排气筒 VOCs 排放限值(排放浓度、排放速率、苯、甲苯、二甲苯、苯系物、VOCs); 2. 厂界监控点 VOCs 浓度限值(苯、甲苯、二甲苯、苯系物、VOCs); 3. 汽车涂装生产线单位涂装面积 VOCs 排放限值	

续　表

序号	标 准 名 称	控 制 方 式	类别
11	《四川省固定污染源大气挥发性有机物排放标准》（DB51/2377—2017）（2017－08－01 实施）	1. 排气筒 VOCs 排放限值（常规控制污染物项目）（排放浓度、排放速率、去除效率，苯、甲苯、二甲苯、VOCs）和排气筒 VOCs 排放限值（特别控制污染物项目）（排放浓度、排放速率、三甲苯等为选测项目）； 2. 无组织排放监控浓度限值（常规＋特别，苯、甲苯、二甲苯、VOCs 为常规）； 3. 汽车制造涂装生产线单位涂装面积 VOCs 排放总量限值	单项标准（VOCs）
12	陕西省地方标准《挥发性有机物排放控制标准》（DB61/T 1061—2017）（2017－02－10 实施）	1. 排气筒 VOCs 排放限值（排放浓度，去除效率，苯、甲苯与二甲苯合计，非甲烷总烃）； 2. 无组织排放监控浓度限值：厂区内（非甲烷总烃），企业边界（苯、甲苯、二甲苯、非甲烷总烃）； 3. 汽车制造涂装生产线单位涂装面积 VOCs 排放量限值	
13	江西省地方标准《挥发性有机物排放标准　第 5 部分：汽车制造业》（DB36/1101.5—2019）（2019－09－01 实施）	1. 排气筒污染物排放限值（排放浓度，苯、甲苯、二甲苯、苯系物、非甲烷总烃、总 VOC）； 2. 企业边界（苯、甲苯、二甲苯、苯系物、非甲烷总烃、总 VOC）； 3. 汽车涂装生产线单位涂装面积 VOCs 排放限值	
14	湖北省地方标准《表面涂装（汽车制造业）挥发性有机化合物排放标准》（DB42/1539—2019）（2020－07－01 实施）	1. 排气筒污染物排放限值（排放浓度，处理效率，苯、甲苯与二甲苯合计，苯系物，非甲烷总烃）； 2. 企业边界（苯、甲苯、二甲苯、非甲烷总烃）； 3. 汽车涂装生产线单位涂装面积 VOCs 排放限值	
15	福建省地方标准《工业涂装工序挥发性有机物排放标准》（DB35/1783—2018）（2018－09－01 实施）	1. 排气筒污染物排放限值（排放浓度，排放速率，处理效率，苯、甲苯、二甲苯、苯系物、乙酸乙酯与乙酸丁酯合计、非甲烷总烃）； 2. 厂区内（非甲烷总烃），企业边界（苯、甲苯、二甲苯、乙酸乙酯、非甲烷总烃）； 3. 汽车涂装生产线单位涂装面积 VOCs 排放限值	

续　表

序号	标 准 名 称	控 制 方 式	类别
16	河南省地方标准《工业涂装工序挥发性有机物排放标准》（DB41／1951—2020）（2020－06－01实施）	1. 排气筒污染物排放限值（排放浓度，苯、甲苯与二甲苯合计、非甲烷总烃）； 2. 厂区内（非甲烷总烃）	单项标准（VOCs）

表 2－19　各省市标准中涂料的 VOCs 限量

序号	标 准 名 称	产 品	限 量 要 求
1	《汽车整车制造业（涂装工序）大气污染物排放标准》（DB11/1227—2015）	底漆	Ⅰ时段：≤50 g/L Ⅱ时段：≤50 g/L
		中涂漆	Ⅰ时段：≤560 g/L Ⅱ时段：≤100 g/L
		实色底漆/闪光底漆	Ⅰ时段：≤650 g/L Ⅱ时段：≤200 g/L
		罩光清漆	Ⅰ时段：≤560 g/L Ⅱ时段：≤480 g/L
		本色面漆	Ⅰ时段：≤580 g/L Ⅱ时段：≤500 g/L
2	《低挥发性有机物含量涂料技术规范》（SZJG 54—2017）	小客车整车涂料	底漆（电泳漆）：≤200 g/L 中涂漆：≤250 g/L 面色漆：≤300 g/L
		大中型整车涂料	底漆（电泳漆）、中涂漆、面色漆：≤300 g/L
		汽车内饰涂料	金属内饰件、表面积大于 0.5 m² 塑胶内饰件用涂料≤300 g/L；表面积小于 0.5 m² 塑胶内饰件用涂料≤420 g/L

表 2 – 20　各省市相关标准中指标项目有组织排放限值情况

（单位：mg/m³）

省市	行业		时段	苯	甲苯	二甲苯	甲苯与二甲苯合计	苯系物	非甲烷总烃	VOCs	甲醛	颗粒物	二氧化硫	氮氧化物	乙酸酯类
北京	汽车整车制造（涂装）	车间或生产设施排气筒	I	1				20	30			20			
			II	0.5				10	25			10			
			II	0.5				10	20			10	20	100	
广东	汽车制造业	除烘干室外的排气筒	I	1			30	100		150					
			II	1			18	60		90					
		烘干室排气筒								50					
河北	工业企业	汽车制造企业	有机废气排放口	1			20		50						
江苏	汽车制造业	乘用车		1	3	12		20		30					
		其他车型		1	3	12		20		60					
山东	汽车制造业	涂装生产线（M 类、N 类汽车）		1	3	12		20		30					

续 表

（单位：mg/m³）

省市	行业		生产工艺/生产线	时段	苯	甲苯	二甲苯	甲苯与二甲苯合计	苯系物	非甲烷总烃	VOCs	甲醛	颗粒物	二氧化硫	氮氧化物	乙酸乙酯类
山东	汽车制造业		涂装生产线（特殊用途汽车）		1	3	16		40		50					
上海	汽车制造业		车间或生产设施排气筒		1	3	12		21	30			20			
天津	汽车制造与维修	工业企业	溶剂储运以及混合、搅拌、清洗、涂装工艺	I	1			30			80					
				II	1			20			50					
			烘干工艺	I	1			30			60					
				II	1			20			40					
重庆	整车制造业		城市建成区（烘干室）	I	1			40	45	120	80		20	200	200	
				II	1			20	26	50	70		10	200	200	
			城市建成区（其他）	I	1			40	50	120	80		20	200	200	
				II	1			20	26	50	70		10	200	200	

续表

（单位：mg/m³）

省市	行业			时段	苯	甲苯	二甲苯	甲苯与二甲苯合计	苯系物	非甲烷总烃	VOCs	甲醛	颗粒物	二氧化硫	氮氧化物	乙酸酯类
重庆	整车制造业	工业企业	其他区域（烘干室）	I	1			45	50	120	150		50	300	300	
				II	1			25	30	60	70		20	300	300	
		汽车制造企业	其他区域（其他）	I	1			45	90	120	150		50	300	300	
				II	1			25	30	60	70		20	300	300	
陕西	工业企业	汽车制造企业	生产设备或车间排气气筒		1			20		40						
四川	工业企业	汽车制造业	底漆、喷漆、朴漆、烘干等	I	1	7	20				80	7				
				II	1	5	15				60	5				
浙江	所有涂装企业	汽车制造业			1				40	60	150	4	30			50
		汽车制造业特别排放限值			1				20	50	100	4	20			50
福建	汽车整车制造	汽车整车制造			1	3	15		20	50	50					40

续表

（单位：mg/m³）

省市	行 业		时段	苯	甲苯	二甲苯	甲苯与二甲苯合计	苯系物	非甲烷总烃	VOCs	甲醛	颗粒物	二氧化硫	氮氧化物	乙酸酯类
江西	汽车制造业	乘用车		1	3	12		20	30	30					
		其他车型		1	3	12		20	30	75					
河南	工业企业	汽车整车制造		1			20		40						
湖北	汽车制造业	车间生产设施排气筒		0.5			15	20	40						
		特别排放限值		0.5			15	10	25						
辽宁	涂装工序汽车整车制造	小汽车		1.0				20	30	40					
		其他车		1.0				20	50	60					

表 2 - 21　各省市相关标准中指标项目无组织排放限值情况

（单位：mg/m³）

省市	行业	监控位置	苯	甲苯	二甲苯	三甲苯	苯系物	非甲烷总烃	总VOCs	颗粒物	乙酸乙酯
北京	汽车整车制造业	中涂、色漆、罩光、修补喷漆室	0.5				2	5			
北京	汽车整车制造业	PVC/密封胶等涂装线	0.1				1	2			
北京	汽车整车制造业	打磨生产线								3	
广东	汽车制造业	企业边界	0.1	0.6	0.2	0.2			2		
河北	除石油炼制和石油化学企业外的所有工业企业	企业边界	0.1	0.6	0.2			2			
河北		生产车间或生产设备边界	0.4	1	1.2			4			
江苏	汽车制造业		0.1	0.6	0.2		1		1.5		
山东	汽车制造业	厂界	0.1	0.4	0.2		1		2		
陕西	除医药制造业外的所有行业	厂界	0.1	0.3	0.3			3			1.5
陕西	除医药制造业外的所有行业	厂区内						10			
上海	汽车制造业	厂界	0.1	0.2	0.2						
四川	除石油炼制外所有企业	无组织	0.1	0.2	0.2	0.8			2		

续表

（单位：mg/m³）

省市	行业	监控位置	苯	甲苯	二甲苯	三甲苯	苯系物	非甲烷总烃	总VOCs	颗粒物	乙酸乙酯
天津	除石油炼制企业外的所有工业企业	企业边界	0.1	0.6	0.2				2		
浙江	所有涂装企业	厂区内						10			
重庆	汽车制造业	厂界	0.1	0.6	0.2		2	4	2	1	1
福建	除船舶制造、飞机制造外的涂装企业	厂区内						8			
福建		厂界	0.1	0.6	0.2		1	2			1
江西	汽车制造业	厂界	0.1	0.6	0.2		1.0	1.5	1.5		
河南	汽车制造业	厂区内1h平均浓度						6			
河南		厂区内任意一次浓度						20			
湖北	汽车制造业	厂界	0.1	0.6	0.2			2			
辽宁	除船舶制造外的行业	车间外或设施外	0.2				2.0	4.0			
辽宁		厂界	0.1				1.0	2.0			

表 2-22　各省市相关标准中指标项目单位涂装面积 VOCs 排放量限值情况

（单位：g/m²）

省市	执行时段	车 型 范 围				
		乘用车	货车驾驶舱	客 车		货车、厢式货车
北京	I 时段	45	55	150		
	II 时段	20	35	80		
广东	I 时段	40	75	225		90
	II 时段	20	55	150		70
江苏		35	55	150		70
山东		35	55	150		70
上海		35		年产量＞2 000 辆 150	年产量≤2 000 辆 210	
天津	现有企业	45	75	225		90
	新建企业	35	55	150		70

续 表 （单位：g/m²）

省市	执行时段	乘用车	货车驾驶舱		客车		货车、厢式货车	
			年产量>5 000 辆	年产量≤5 000 辆	年产量>2 000 辆	年产量≤2 000 辆	年产量>2 500 辆	年产量≤2 500 辆
重庆	主城区 I 时段	60	75		290		90	
	主城区 II 时段	35	55		150		70	
	其他区域 I 时段	60	85		290		120	
	其他区域 II 时段	40	65		210		90	
陕西		35	55	65	150	210	70	90
四川		35	55		150		70	
浙江		20	55		150		70	
福建		35	55		150		70	
江西		35	55		150		70	
湖北		30	55		150		70	

第3章 上海市汽车制造业 VOCs 排放标准释义

随着汽车产业的蓬勃发展,汽车制造业涂装大气污染物排放问题日益突出,已经成为城市重要的工业排放源之一。国家层面尚未正式发布汽车制造业大气污染物排放标准。为了贯彻《中华人民共和国环境保护法》《中华人民共和国大气污染防治法》《上海市大气污染防治条例》,保障人体健康,改善区域大气环境质量,加强汽车制造业(涂装)大气污染物排放控制和管理,促进表面涂装工艺和污染治理技术的进步,原上海市环境保护局和原上海市质量技术监督局发布了上海市地方标准《汽车制造业(涂装)大气污染物排放标准》(DB31/ 859—2014)。

3.1 适 用 范 围

本标准适用于 GB/T 15089[①] 规定的 M1、M2、M3 类整车制造企业汽车涂装工艺大气污染物的排放限值、监测、生产工艺和管理要求,以及标准实施与监督等相关规定。

本标准适用于现有汽车制造业(涂装)大气污染物排放管理,以及新、改、扩建项目的环境影响评价、环境保护设施设计、竣工环境保护验收及其建成后的大气污染物排放管理。

本标准不适用于汽车改装及零部件涂装工艺大气污染物排放管理。本标准的制定依据如下:

根据 GB/T 15089 的规定,M1、M2、M3 类整车是按照座位数和最大设

---

① 本章中凡是未注明日期的引用文件,其有效版本适用于 DB31/ 859—2014。

计总质量区分的各类载客汽车。调研结果显示,上海市域范围内整车制造企业产品均为载客汽车,因此规定标准适用于这三类整车制造企业汽车涂装工艺大气污染物排放。

汽车改装及零部件涂装工艺的生产工艺过程及大气污染物排放特点与整车制造差别较大,因此本标准规定不适用于汽车改装及零部件涂装工艺大气污染物排放管理。

3.2 规范性引用文件

本标准制定时的规范性引用文件如下:

(1) GB 16297 《大气污染物综合排放标准》;

(2) GB 24409 《车辆涂料中有害物质限量》;

(3) GB/T 15089 《机动车辆及挂车分类》;

(4) GB/T 15432 《环境空气 总悬浮颗粒物的测定 重量法》;

(5) GB/T 16157 《固定污染源排气中颗粒物测定与气态污染物采样方法》;

(6) HJ 583 《环境空气 苯系物的测定 固体吸附/热脱附-气相色谱法》;

(7) HJ 584 《环境空气 苯系物的测定 活性炭吸附/二硫化碳解吸-气相色谱法》;

(8) HJ 644 《环境空气 挥发性有机物的测定 吸附管采样-热脱附/气相色谱-质谱法》;

(9) HJ 732 《固定污染源废气 挥发性有机物的采样 气袋法》;

(10) HJ 734 《固定污染源废气 挥发性有机物的测定 固相吸附-热脱附/气相色谱-质谱法》;

(11) HJ/T 38 《固定污染源排气中非甲烷总烃的测定气相色谱法》;

(12) HJ/T 55 《大气污染物无组织排放监测技术导则》;

(13) HJ/T 75 《固定污染源烟气排放连续监测技术规范(试行)》[①];

----

① 现已被 HJ 75《固定污染源烟气(SO_2、NO_x、颗粒物)排放连续监测技术规范》代替并废止。

（14）HJ/T 194　《环境空气质量手工监测技术规范》；

（15）HJ/T 293　《清洁生产标准汽车制造业（涂装）》；

（16）HJ/T 397　《固定源废气监测技术规范》；

（17）《建设项目环境保护设施竣工验收监测技术要求（试行）》（环发〔2000〕38 号）；

（18）《污染源自动监控管理办法》（国家环境保护总局①令第 28 号）；

（19）《环境监测管理办法》（国家环境保护总局令第 39 号）。

制定依据：依据 HJ 168 的规定，标准的主要技术内容以及正文中引用到的标准情况，在规范性引用文件中列明。

3.3　术语和定义

本标准列出了汽车制造业、涂装、烘干、挥发性有机物、苯系物、标准状态、最高允许排放浓度、最高允许排放速率、厂界、厂界大气污染物监控点、厂界大气污染物监控点浓度限值、排气筒高度、单位涂装面积 VOCs 排放量、现有企业和新建企业共 15 个术语和定义。

制定依据：参考《汽车和挂车类型的术语和定义》（GB/T 3730.1—2001）中“汽车”的定义是“由动力驱动，具有四个或四个以上车轮的非轨道承载的车辆”，本标准规定“汽车”在制造业的定义为“生产由动力驱动具有四个或四个以上车轮的非轨道承载车辆的企业”。

参考《涂装技术术语》（GB/T 8264—2008）中“涂装”的定义是“将涂料涂覆于基底表面形成具有防护、装饰或特定功能涂层的过程”，并列举载客汽车的涂装工序，本标准规定“涂装”的定义为“将涂料涂覆于基底表面，形成具有防护、装饰或特定功能涂层的过程，包括前处理、底漆、中涂、色漆、清漆、流平、烘干、密封胶、注蜡、车身发泡、图案和打腻等所有工序”。“烘干”引用《涂装技术术语》（GB/T 8264—2008）中的定义，即“加热使湿涂层发生干燥固化的过程”。

参考世界卫生组织（WHO）的定义，并根据指标用途规定了“挥发性有机物”的定义为“参与大气光化学反应的有机化合物，或者根据规定的方法测量或

---

①　现为中华人民共和国生态环境部。

核算确定的有机化合物。a）用于核算或者备案的 VOCs 则是指 20℃时蒸汽压不小于 10 Pa，或者 101.325 kPa 标准大气压下，沸点不高于 260℃的有机化合物或者实际生产条件下具有以上相应挥发性的有机化合物的统称，但是不包括甲烷。b）以非甲烷总烃（NMHC）作为排气筒、厂界大气污染物监控、厂区内大气污染物监控点以及污染物回收净化设施去除效率的挥发性有机物的综合性控制指标"。

根据本标准附录 C"固定污染源废气苯系物的测定气袋采样-气相色谱法"中"术语和定义"，"苯系物包括苯、甲苯、乙苯、二甲苯（对二甲苯、间二甲苯、邻二甲苯）、苯乙烯和三甲苯（1,3,5-三甲苯、1,2,4-三甲苯和 1,2,3-三甲苯）"。

参考《大气污染物综合排放标准》（GB 16297—1996）中"标准状态""最高允许排放浓度""最高允许排放速率""单位周界""无组织排放监控点""无组织排放监控浓度限值""排气筒高度"的定义，本标准规定"标准状态"的定义为"温度为 273.15 K，压力为 101.325 kPa 时的气体状态，简称'标态'。本标准规定的大气污染物排放浓度限值均以标准状态下的干气体为基准"。"最高允许排放浓度"的定义为"标准状态下处理设施后排气筒中污染物任何一小时浓度平均值不得超过的限值；或指无处理设施排气筒中污染物任何一小时浓度平均值不得超过的限值，单位为 mg/m³"。"最高允许排放速率"的定义为"指一定高度的排气筒任何一小时排放污染物的质量不得超过的限值，单位为 kg/h"。"厂界"的定义为"由法律文书（如土地使用证、房产证、租赁合同等）中确定的业主所拥有使用权（或所有权）的场所或建筑物边界"。"厂界大气污染物监控点"的定义为"为判别厂界大气污染物是否超过标准而设立的监测点"。"厂界大气污染物监控点浓度限值"的定义为"标准状态下厂界大气污染物监控点的污染物浓度在任何一小时的平均值不得超过的值，单位为 mg/m³"。"排气筒高度"的定义为"自排气筒（或其主体建筑构造）所在的地平面至排气筒出口的高度，单位为 m"。

参考广东省《表面涂装（汽车制造业）挥发性有机化合物排放标准》（DB44/816—2010）中汽车制造涂装生产线"VOCs 排放总量"的定义为"涂装工艺从电泳（或者其他任何类型的底漆涂装）开始，到最后的面涂罩光、修补、注蜡所有工艺阶段的 VOCs 排放量，以及溶剂用作工艺设备（喷漆室、其他固定设备）的清洗（既包括在线清洗也包括停机清洗）的合计排放量"及附录 B"单位涂装面积的 VOCs 排放量限值的计算考核是以每月表面涂装工艺所有排放的 VOCs 总量(含逸散性排放量)除以底涂总面积为依据"。将上述表述调整精简后,本标准规定"单位涂装面积 VOCs 排放量"的定义为"涂装工艺所有工序的 VOCs 排放量以及溶剂用作工艺设备(喷漆室、其他固定设备)的清洗(既包括在线清洗也包括停机清洗)的 VOCs 排放量总和除以涂装总面积,单位为 g/m²"。

本标准于 2015 年 2 月 1 日正式实施,因此规定"现有企业"为"2015 年 2 月 1 日前已建成投产或环境影响评价文件已通过审批的汽车涂装生产线";规定"新建企业"为"自 2015 年 2 月 1 日起环境影响评价文件通过审批的新、改、扩建汽车涂装生产线"。

3.4 排放控制要求

3.4.1 实施时间

现有企业自 2017 年 1 月 1 日起执行表 3-1、表 3-2 和表 3-3 标准;新建企业自 2015 年 2 月 1 日起执行表 3-1、表 3-2 和表 3-3 标准。

制定依据:现有企业和新建企业分时段执行不同的排放限值。经过与汽车制造企业的交流,要达到本标准要求,改造现有涂装生产线需要两年时间,因此规定现有企业从 2017 年 1 月 1 日起执行本标准,新建企业自 2015 年 2 月 1 日起执行本标准。

3.4.2 排放限值

表 3-1 污染源大气污染物排放限值

序号	污染物	最高允许排放浓度限值/(mg/m³)	最高允许排放速率限值/(kg/h)	监控位置
1	苯	1	0.6	车间或生产设施排气筒
2	甲苯	3	1.2	

续　表

序号	污染物	最高允许排放浓度限值/(mg/m³)	最高允许排放速率限值/(kg/h)	监控位置
3	二甲苯	12	4.5	车间或生产设施排气筒
4	苯系物	21	8.0	
5	非甲烷总烃	30	32	
6	颗粒物	20	8.0	

表 3-2　厂界大气污染物监控点浓度限值

序号	污　染　物	限值/(mg/m³)
1	苯	0.1
2	甲苯	0.2
3	二甲苯	0.2

表 3-3　单位涂装面积 VOCs 排放量限值

车型	单位涂装面积 VOCs 排放量限值/(g/m²)		说　　明
乘用车	35		指 GB/T 15089 规定的 M1 类汽车
客车	年产量>2 000 辆	150	指 GB/T 15089 规定的 M2、M3 类汽车
	年产量≤2 000 辆	210	

注：M1 类车指包括驾驶员座位在内，座位数不超过 9 座的载客汽车。

M2 类车指包括驾驶员座位在内座位数超过 9 座，且最大设计总质量不超过 5 000 kg 的载客汽车。

M3 类车指包括驾驶员座位在内座位数超过 9 座，且最大设计总质量超过 5 000 kg 的载客汽车。

制定依据：

1. 污染物控制指标选取

根据资料调研及汽车制造企业现场调查分析,涂装生产的主要污染物为喷涂过程中未附着于车身表面的漆雾颗粒、喷涂及烘干排放的 VOCs,其

中 VOCs 的种类、浓度和排放总量都占据主要部分,需要重点考虑。单项控制指标主要遵循以下原则:

1)VOCs 控制指标选取

(1)检出频次多且排放浓度高。综合原料中常见 VOCs 组分,见表 1 - 9。实际监测结果统计得出主要排放 VOCs,见表 1 - 10。汽车涂装生产的 VOCs 特征污染物主要包括:苯、甲苯、间二甲苯、对二甲苯、邻二甲苯、1,2,4 -三甲苯、1,3,5 -三甲苯、乙苯、苯乙烯、异丙醇、正丁醇、异丁醇、丙酮、甲乙酮、甲基异丁基酮、乙酸乙酯、乙酸乙烯酯和乙酸丁酯。

(2)毒性大,对健康危害大。对于筛选的汽车涂装行业 VOCs 特征污染因子,分析其毒性与健康危害,见表 1 - 11。苯、甲苯、二甲苯和乙苯等苯系物的毒性较强,属于中毒性,其余 VOCs 组分的毒性较低,属于低毒性或微毒性。

(3)光化学反应活性强。筛选汽车涂装 VOCs 特征污染物的 MIR,见表 1 - 12。甲苯、二甲苯、三甲苯和乙苯的 MIR 较大,其光化学反应活性较强。

2)其他大气污染物控制指标选取

为了全面控制汽车制造业涂装的大气污染物排放,除 VOCs 外,喷漆室漆雾颗粒物也需要在标准中设置单项控制指标。对漆雾的有效控制也可以促进 VOCs 处理设施的正常运行,保证 VOCs 的有效处理。

综上所述,以汽车制造企业涂装生产现状和实际监测结果为基础,依据检出频次多且排放浓度高、毒性与健康危害大以及光化学反应活性强的原则,同时考虑到标准控制指标的监测与分析方法的可操作性,选取单项控制指标包括苯、甲苯和二甲苯(包括间二甲苯、对二甲苯和邻二甲苯)和颗粒物。

汽车制造企业使用的涂料和有机溶剂等种类繁多,造成大气污染物组分复杂,在标准中对每种 VOCs 单独设置排放限值的实用性和可操作性较差。因此除了设置适当的单项控制指标,突出污染控制重点。还需要设置综合性控制指标苯系物和非甲烷总烃,全面控制 VOCs 排放。

苯系物指苯、甲苯、二甲苯(对二甲苯、间二甲苯和邻二甲苯)、三甲苯(1,3,5 -三甲苯、1,2,4 -三甲苯和 1,2,3 -三甲苯)、乙苯及苯乙烯合计。其中三甲苯、乙苯和苯乙烯在实际监测中普遍检出,但其毒性与对健康的危害以及光化学反应活性均低于苯、甲苯和二甲苯,因此不设置为单项控制指标,只作为苯系物组分之一加以控制。

设置非甲烷总烃主要考虑到可以涵盖主要 VOCs、分析方法成熟、与国外相关标准方法接轨、分析方法与在线监测方法一致。

2. 污染物控制方式

我国现有的污染物排放标准体系均采用控制排放浓度和排放总量的方式。其数据获取直观可信,并能直接用于控制和管理,因而被普遍接受并应用。上海市地方标准从排放浓度、排放速率和总量控制三方面控制汽车涂装业的大气污染物排放,并规定了监测要求、控制大气污染物排放的工艺和管理要求。

1)排放浓度

针对汽车企业有组织排放废气,选择最高允许排放浓度限值作为有组织排放控制方式。这是因为排放浓度限值这种形式具有数据获得容易、能直接用于控制和管理的优点,因而已被我国广大的环保工作者和管理者所接受并应用。在我国已颁布的污染物排放标准中,无一例外地将排放浓度作为主要的标准值形式。

汽车企业在溶剂储存、运输、生产过程及污水处理过程都存在无组织排放的情况,例如:挥发性有机溶剂在储存、运输过程中通过呼吸而产生的间歇性无组织排放;由于物料在不同设备中多次流转,不易做到全封闭而造成的无组织排放;生产过程中设备清洗、溶剂回收设备、干燥设备和管道的泄漏造成的无组织排放;车间废水收集池、污水处理的收集池储存过程,固废(漆渣)储存、运输过程也会造成无组织逸散或排放。所以需要对汽车企业无组织排放进行要求,以监控企业对生产过程中挥发性污染物排放环节的收集效果。

因此标准规定了污染源排放苯、甲苯、二甲苯、苯系物、非甲烷总烃和颗粒物的最高允许排放浓度和厂界大气污染物监控点浓度限值。

2)排放速率

根据目前汽车生产装备水平和产污环节分析,汽车制造冲压、焊接、涂装、总装四大工艺中的焊接、电泳、喷涂、烘干、清洗、产品试验等工序,均可以实现密闭,或通过集气罩收集后进入废气有组织处理系统。目前国内大多数大气污染物排放标准均规定了废气通过排气筒的排放速率限值。本标准规定了涂装生产排气筒高度不应低于 15 m。各种控制指标的最高允许排放速率限值通过《制定地方大气污染物排放标准的技术方法》(GB/T 3840—1991)提供的计算方法并结合上海市汽车制造企业生产现状进行确定。

3）总量控制

参考欧美及国内外相关标准,采用物料衡算方法,计算整个涂装工艺从电泳(或者其他任何类型的底漆涂装)开始,到最后的面涂罩光、修补、注蜡等所有工艺阶段的 VOCs 排放量,以及工艺设备清洗溶剂的合计排放量,以单位涂装面积 VOCs 排放量进行总量控制。

3. 限值确定

1）排放浓度限值

大气污染物排放浓度限值确定的主要原则：依据现有汽车制造企业各排污环节的实测数据,以及汽车企业生产装备水平和污染控制技术所能达到的效果来确定;依据采用较先进技术所能达到水平而确定;参考美国工业涂装相关标准、德国大气污染物排放标准等国外标准,以及已发布的相关国家标准和各省市地方标准。

标准相关排放浓度限值确定过程如下。

(1) 污染源最高允许排放浓度限值

国外相关排放标准通常不设置单项控制指标的排放浓度限值,我国部分省市现有大气污染物排放标准只规定了苯、甲苯、二甲苯、非甲烷总烃和颗粒物排放浓度限值,缺少苯系物综合性指标排放浓度限值,见表 3 - 4。

表 3 - 4　部分省市排放浓度限值　　　　(单位：mg/m³)

污染物	广　东		北　京		天津
	Ⅰ 时段	Ⅱ 时段	Ⅰ 时段	Ⅱ 时段	
苯	1	1	1	1	1
甲苯	30	18	30	18	20
二甲苯					

（单位：mg/m³）　续　表

污染物		广　东		北　京		天　津
		I 时段	II 时段	I 时段	II 时段	
苯系物	烘干室	100	60	—		—
	其他					
非甲烷总烃		—		50	30	—
颗粒物		—		30	20	—

注：表中的标准为早于上海市发布的广东省《表面涂装（汽车制造业）挥发性有机化合物排放标准》（DB44/816—2010）、北京市《大气污染物综合排放标准》（DB11/501—2007）和天津市《工业企业挥发性有机物排放控制标准》（DB12/524—2014）。

上海市汽车制造业（涂装）污染源大气污染物排放浓度实际监测结果见表 3 - 5。

表 3 - 5　上海市汽车制造业（涂装）污染源大气污染物排放浓度

企业信息	工艺	排放浓度/（mg/m³）					
		苯	甲苯	二甲苯	苯系物	非甲烷总烃	颗粒物
A 厂	喷漆室	N.D.	0.036	3.29	6.34	19.9	—
		N.D.	0.043	16.23	22.942	41.2	
		N.D.	0.079	2.59	5.32	18.7	
	烘干室	0.020 1	0.038 1	0.017	0.099 2	5.28	
		0.295	0.057 6	2.61	4.90	12.35	
		N.D.	0.045	N.D.	0.045	5.66	
B 厂	喷漆室	N.D.	0.052 5	4.66	10.84	47.35	—
		0.025 5	N.D.	1.685	4.57	22.4	
		N.D.	0.076 9	10.26	25.90	32.95	
	烘干室	N.D.	0.354	0.165 7	0.703 7	2.3	

续　表

企业信息	工艺	排放浓度/(mg/m³)					
		苯	甲苯	二甲苯	苯系物	非甲烷总烃	颗粒物
C 厂	喷漆室	N.D.	0.061 3	8.21	15.13	31.65	—
		N.D.	0.050 7	1.718	3.51	10.14	
		N.D.	0.119	12.84	29.20	30.5	
	烘干室	N.D.	0.018 5	0.522	1.57	6.78	
D 厂	喷漆室	N.D.	N.D.	N.D.	0.35	4.37	6.2
		N.D.	N.D.	N.D.	0.49	6.62	5.4
		N.D.	N.D.	14.11	34.28	31.54	5.7
	烘干室	0.051	N.D.	2.54	5.24	14.07	5.5
E 厂（客车）	喷漆室	N.D.	14.49	33.44	81.82	85.28	6.5
	烘干室	N.D.	0.48	N.D.	0.29	19.41	—

苯：根据涂料和有机溶剂等原料产品说明书介绍，涂装生产使用原料中不含苯，但在实际监测中污染源排放废气检出低浓度苯，因此需要对苯排放浓度进行严格控制。根据国家标准以及上海市对 VOCs 的排放控制要求，并结合上海市汽车制造业（涂装）排放控制现状，建议苯的排放浓度限值确定为 1 mg/m³，这与其他省市的排放限值一致，在国内处于先进水平。

甲苯与二甲苯：根据涂料和有机溶剂等原料产品说明书介绍，涂装生产使用原料中不含甲苯，在实际监测中污染源排放废气甲苯的检出浓度较低，二甲苯则普遍检出且浓度较高，为突出重点控制指标，北京和广东确定将两项指标单独设置排放浓度限值。根据国家标准以及上海市对 VOCs 的排放控制要求，并结合上海市汽车制造业（涂装）排放控制现状，建议甲苯的排放浓度限值确定为 3 mg/m³，二甲苯的排放浓度限值确定为 12 mg/m³。上海市甲苯与二甲苯合计排放浓度限值低于广东和北京，在国内处于先进水平。

苯系物：本标准指苯、甲苯、二甲苯、三甲苯、乙苯及苯乙烯合计。根据实际监测结果分析，喷漆室与烘干室排放浓度相近，因此本标准拟不区分工序，采用统一排放浓度限值。国际上乘用车制造企业通常采用水性涂料+回收式热力燃烧装置（TNV）或蓄热式热力燃烧装置（RTO），客车制造企业通常采用水性涂料+催化燃烧装置，苯系物的排放水平可控制到 20 mg/m³ 以下。根据国家标准以及上海市对 VOCs 的排放控制要求，并结合上海市汽车制造业（涂装）排放控制现状，考虑到实际监测中三甲苯、乙苯和苯乙烯的检出浓度均在 2 mg/m³ 左右，建议以各组分的排放浓度限值合计苯系物的排放限值，确定为 21 mg/m³，该排放限值可以保证苯系物各组分排放限值之间的匹配更加合理。该排放限值是广东的 35%，在国内处于先进水平。

非甲烷总烃：根据实际监测结果分析，烘干室排放浓度均小于 30 mg/m³，水性涂料喷涂室排放浓度范围为 4.37~10.14 mg/m³，溶剂型涂料喷涂室排放浓度范围为 18.7~85.28 mg/m³，主要排放工艺为清漆喷涂。国际上乘用车制造企业通常采用水性涂料+回收式热力燃烧装置（TNV）或蓄热式热力燃烧装置（RTO），客车制造企业通常采用水性涂料+催化燃烧装置，非甲烷总烃的排放浓度可控制在 10~30 mg/m³。根据国家标准以及上海市对 VOCs 的排放控制要求，并结合上海市汽车制造业（涂装）排放控制现状，建议非甲烷总烃的排放限值确定为 30 mg/m³。该排放限值与北京一致，在国内处于先进水平。

颗粒物：国内外汽车制造业（涂装）通常采用水旋除尘或干式漆雾捕集技术，颗粒物排放水平可以控制到 10 mg/m³ 以下。根据国家标准以及上海市对 VOCs 的排放控制要求，并结合上海市汽车制造业（涂装）排放控制现状，建议颗粒物的排放限值确定为 20 mg/m³。该排放限值与上海市危险废物焚烧大气污染物排放标准和北京地方标准的颗粒物排放限值一致，在国内处于先进水平。

综合上述分析结果，确定污染源大气污染物最高允许排放浓度限值，见表 3 - 6。

表 3－6　污染源大气污染物最高允许排放浓度限值

序　号	污　染　物	最高允许排放浓度限值/（mg/m³）
1	苯	1
2	甲苯	3
3	二甲苯	12
4	苯系物	21
5	非甲烷总烃	30
6	颗粒物	20

（2）厂界大气污染物监控点浓度限值

国内汽车涂装生产线主要通过设置局部或整体密闭排气系统将大气污染物经排气筒集中排放，以降低厂界大气污染物监控点的排放浓度。根据国家标准以及上海市对 VOCs 的排放控制要求，并借鉴国内外相关标准现有厂界大气污染物监控点排放浓度限值标准，结合上海市汽车涂装生产线排放现状，建议设置厂界大气污染物监控点排放浓度限值，见表 3－7～表 3－9。其中苯和二甲苯的排放浓度限值与其他省市的一致，在国内处于先进水平。

表 3－7　其他省市相关标准中厂界大气污染物监控点排放浓度限值

（单位：mg/m³）

污染物	广　东	北　京	天　津
苯	0.1	0.1	0.1
甲苯	0.6	0.6	0.6
二甲苯	0.2	0.2	0.2

表 3-8 上海市汽车制造业(涂装)厂界大气污染物监控点排放浓度统计

企业信息	排放浓度/(mg/m³)		
	苯	甲苯	二甲苯
A 厂	4.28×10^{-3}	1.02×10^{-2}	1.94×10^{-2}
B 厂	1.72×10^{-3}	2.54×10^{-3}	3.56×10^{-3}
C 厂	4.01×10^{-3}	4.87×10^{-3}	5.58×10^{-3}
D 厂	1.91×10^{-3}	1.82×10^{-3}	3.88×10^{-3}
E 厂(客车)	4.15×10^{-3}	2.65×10^{-2}	3.47×10^{-2}

表 3-9 厂界大气污染物监控点排放浓度限值

序 号	污染物	监控点排放浓度限值/(mg/m³)
1	苯	0.1
2	甲苯	0.2
3	二甲苯	0.2

2)排放速率限值

根据《制定地方大气污染物排放标准的技术方法》(GB/T 3840—1991),本标准根据单一排气筒允许排放速率确定公式($Q = C_m \times R \times K_e$),并与其他省市标准的最高允许排放速率相比较,结合上海市汽车制造业现状,确定各控制指标的排放速率限值,见表 3-10。

根据 GB 3840 的规定,各控制指标的标准浓度限值 C_m 应参考《工业企业设计卫生标准》(GBZ 1)、《环境空气质量标准》(GB 3095)及其他相关大气标准中的限值要求。综合考虑各标准限值的严格程度及适用性,苯、甲苯、二甲苯的 C_m 选取,参照本标准厂界大气污染物监控点浓度限值。国内外相关标准中均未设置苯系物厂界大气污染物监控点浓度限值,本标准以苯、甲苯和二甲苯的厂界大气污染物监控点浓度限值合计作为 C_m。颗粒物

和非甲烷总烃的 C_m 参照《北京市大气污染物排放标准》中对厂界颗粒物和非甲烷总烃浓度限值。R 为排放系数,查《制定地方大气污染物排放标准的技术方法》(GB/T 3840—1991) 表 4 可得。K_e 为地区性经济技术系数,取值范围为 0.5~1.5,本标准取 $K_e = 0.5$。

表 3-10　根据规范计算的排放速率限值

项　目	$C_m/$ (mg/m³)	与排气筒高度对应的 VOCs 最高允许排放速率/(kg/h)					
H/m		15	20	30	40	50	60
R		6	12	32	58	90	128
苯	0.1	0.3	0.6	1.6	2.9	4.5	6.4
甲苯	0.2	0.6	1.2	3.2	5.8	9	12.8
二甲苯	0.2	0.6	1.2	3.2	5.8	9	12.8
苯系物	0.5	1.5	3	8	14.5	22.5	32
非甲烷总烃	2.0	6	12	32	58	90	128
颗粒物	0.5	1.5	3	8	14.5	22.5	32

将上述计算值与《大气污染物综合排放标准》(GB 16297—1996) 规定的排放限值,以及广东、北京和天津等省市相关标准排放速率限值进行比较,见表 3-11。

表 3-11　国标及部分省市最高允许排放速率限值的对比 (单位：kg/h)

污染物	国标	广东	北京	天津
苯	2.9	1	2.1	0.9
甲苯	18	7.7	12	6.0
二甲苯	5.9		4.1	—

（单位：kg/h）　　续　表

污染物	国标	广东	北京	天津
苯系物	—	9.6	—	—
非甲烷总烃	53	—	35	—
颗粒物	23	—	—	—

注：国标及各省市排放速率限值对应的高度均取 30 m。

现有喷漆室废气主要采用大风量高空直接排放，风量为 $2×10^5 ～ 5×10^5$ m^3/h，烘干废气风量为 $8×10^3 ～ 4×10^4$ m^3/h，排放速率见表 3 - 12。喷漆室废气各污染物指标的排放速率是烘干废气对应排放速率的几倍到几十倍。为了控制 VOCs 排放总量，建议企业不要建设高排气筒，标准排放速率限值不区分高度。因各企业排气筒高度均为 20～30 m 以上，因此以表 3 - 10 中 20 m 和 30 m 的排放速率计算值作为限值基础。根据主要企业的监测数据，苯和甲苯的排放速率已经可以达到表 3 - 10 中 20 m 对应的限值要求。与主要汽车企业的交流后确定，清漆废气将采用焚烧处理，VOCs 设计处理效率达到 90%，部分色漆将采用水性涂料。经过改造的涂装生产线的二甲苯、苯系物、非甲烷总烃和颗粒物等效排放速率可以达到表 3 - 10 中 30 m 对应的限值要求。

表 3 - 12　上海市汽车制造业（涂装）污染源大气污染物排放速率

企业信息	工艺	排放速率/（kg/h）					
		苯	甲苯	二甲苯	苯系物	非甲烷总烃	颗粒物
B 厂	喷漆室	—	—	0.93	1.65	3.40	0.76
		—	0.13	1.35	2.62	11.32	—
		—	0.05	1.44	2.24	5.69	—
	烘干室	—	—	0.02	0.08	0.34	0.03

续　表

企业信息	工艺	排放速率/(kg/h)					
		苯	甲苯	二甲苯	苯系物	非甲烷总烃	颗粒物
C 厂	喷漆室	—	—	1.72	2.48	2.79	—
		—	—	—	0.11	1.79	1.37
		—	0.13	4.36	6.59	6.84	1.71
	烘干室	—	—	0.05	0.08	0.11	
D 厂	喷漆室	—	—	—	0.11	1.35	1.91
		—	—	—	0.21	2.90	2.37
		—	—	5.54	9.21	12.38	2.24
	烘干室	—	—	0.09	0.19	0.50	0.20

本标准各控制指标最高允许排放速率限值(取至小数点后一位),见表 3 – 13。与其他省市相关标准相比,本标准苯排放速率是天津相关标准中的 67%,甲苯是天津相关标准中的 20%,二甲苯与北京相关标准中基本一致,苯系物是广东相关标准中的 83%,非甲烷总烃是北京相关标准中的 91%,颗粒物是国标的 35%,所有控制指标排放速率限值均处于国内先进水平。

表 3 – 13　企业排气筒对应排放速率限值

序号	污染物	最高允许排放速率限值/(kg/h)	监控位置
1	苯	0.6	车间或生产设施排气筒
2	甲苯	1.2	
3	二甲苯	4.5	
4	苯系物	8.0	
5	非甲烷总烃	32.0	
6	颗粒物	8.0	

《恶臭污染物排放标准》(GB 14554—1993)中污染源苯乙烯(对应排气筒高度为 30 m)的最高允许排放速率为 26 kg/h。本标准中苯系物的最高允许排放速率为 8.0 kg/h,苯乙烯作为苯系物组分之一,汽车涂装生产线执行本标准可以对苯乙烯进行更有效的控制。

3) 单位涂装面积 VOCs 排放量

上海市现有汽车制造企业单位涂装面积 VOCs 排放量现状统计结果见表 3-14,北京和广东地方标准中单位涂装面积 VOCs 排放量限值见表 3-15。

表 3-14　上海市现有汽车制造企业单位涂装面积 VOCs 排放量现状统计

汽车类型	单位涂装面积 VOCs 排放量/(g/m²)
乘用车	30~80
客车	350~400

表 3-15　北京和广东地方标准中单位涂装面积 VOCs 排放量限值

汽车类型	单位涂装面积 VOCs 排放量限值/(g/m²)			
	北　京		广　东	
	Ⅰ时段	Ⅱ时段	Ⅰ时段	Ⅱ时段
乘用车	60	45	40	20
客车	225	150	225	150

目前,上海市的汽车制造企业主要生产乘用车和客车,因此本标准只针对这两类车型设置限值。国际上,乘用车制造企业通常采用水性涂料+回收式热力燃烧装置(TNV)或蓄热式热力燃烧装置(RTO)来控制单位涂装面积 VOCs 排放量,单位涂装面积 VOCs 排放量的排放水平可控制到 20~30 g/m²;客车制造企业通常采用水性涂料+催化燃烧装置来控制单位涂装面积 VOCs 排放量,单位涂装面积 VOCs 排放量的排放水平可控制到 150~210 g/m³。根据国家标准以及上海市对 VOCs 的排放控制要求,并结合上

海市汽车制造业(涂装)排放控制现状,建议乘用车单位涂装面积 VOCs 排放量限值确定为 35 g/m³,该排放限值是目前最佳处理技术与经济效益和环境效益的平衡统一,高于广东(Ⅱ时段)排放限值,与德国、美国排放限值一致,是北京标准(Ⅱ时段)的 78%、国家表面涂装清洁生产标准的 70%、中国台湾地区标准的 32%、日本相关标准的 58%、欧盟相关标准的 78%。客车年产量≤2 000 辆排放限值确定为 210 g/m³;年产量>2 000 辆排放限值确定为 150 g/m³。该排放限值与广东、北京和欧盟相关标准的排放限值一致,在国际上处于先进水平,见表 3 - 3。

标准附录 A 规定了单位涂装面积 VOCs 排放量核算方法,明确了各计算参数的选取确定方式:单位涂装面积 VOCs 排放量(g/m²)= 每月 VOCs 排放量(kg)×1 000/每月涂装总面积(m²)。其中:

$$每月\ VOCs\ 排放量 = T - T_1 - T_2 \qquad (3-1)$$

式中　T——每月使用涂料、稀释剂、密封胶及清洗溶剂等原辅料中 VOCs 总量(kg),以原料产品说明书中的 VOCs 含量作为认定依据;

T_1——每月 VOCs 的回收量(kg),以通过质量技术监督部门强制检定的回收计量设备的计量数据作为认定依据,其他情况视作无回收量;

T_2——每月 VOCs 的减排量(kg),以污染物处理设施进、出口每季度非甲烷总烃排放量的监督监测数据或通过有效性审核的在线监测数据作为认定依据。如污染物处理设施进口不具备监测条件,则按照环境保护行政主管部门相关要求和规定作为认定依据,其他情况视作无减排量。

$$每月涂装总面积 = 每月产量×单车涂装面积 \qquad (3-2)$$

式中,以计算机辅助设计系统设计的车身面积作为单车涂装面积的有效数据。

3.4.3　工艺要求

工艺要求如下:

(1)涂料中 VOCs 含量应符合《车辆涂料中有害物质限量》(GB 24409)的规定,有机溶剂应密闭运输与储存。

（2）新、改、扩建汽车涂装生产线应设置自动漆雾处理系统和烘干室脱臭装置，并对喷漆室废溶剂进行有效回收。

（3）热力燃烧装置和催化燃烧装置应严格按照设计温度运行，并安装燃烧温度连续监控系统。有机污染物处理设施对非甲烷总烃的处理效率应不低于90%。沸石转轮等配套设施不考核处理效率。

（4）汽车涂装生产线产生大气污染物的生产工艺和装置必须设置局部或整体密闭排气系统和大气污染物处理设施。

制定依据如下：

为加强 VOCs 排放控制，根据汽车涂装大气污染物排放特征，标准要求汽车涂装企业进行规范管理。首先采用符合《车辆涂料中有害物质限量》（GB 24409）规定的低 VOCs 含量涂料。

生产过程中有机溶剂密闭运输和储存，生产工艺和装置设置局部或整体密闭排气系统，以减少无组织排放。

涂装生产线设置大气污染物处理设施，如自动漆雾处理系统和烘干室脱臭装置，并保证处理设施正常运行，热力燃烧装置和催化燃烧装置应严格按照设计温度运行，并安装燃烧温度连续监控系统。有机污染物处理设施对非甲烷总烃的处理效率应不低于90%。沸石转轮等配套设施不考核处理效率。

3.4.4　管理要求

企业应按照环保主管部门相关要求建立运行情况记录制度，每月记录单位涂装面积 VOCs 排放量核算以及污染物处理设施运行参数等资料，按照国家有关档案管理的法律法规进行整理和保管。记录内容至少包括但不限于以下内容：

（1）各车型产量及涂装总面积。

（2）涂料、稀释剂、密封胶及清洗溶剂等原辅料名称、使用量和 VOCs 含量。

（3）涂料、稀释剂、密封胶及清洗溶剂等原辅料的回收方式和回收量。

（4）污染物处理设施的 VOCs 减排量。

（5）污染物处理设施运行参数：吸附处理装置的吸附介质名称、使用量和更换日期，热氧化装置的燃烧温度和燃料用量，催化氧化装置的燃烧温度、燃料用量、催化剂名称和更换日期。

制定依据如下：

根据本标准附录 A"单位涂装面积 VOCs 排放量核算"的要求，企业需每月记录相关计算参数，并核算单位涂装面积 VOCs 排放量，以确定是否符合标准要求。同时记录污染物处理设施运行参数，以确定是否达到工艺要求。

3.5　监　测　要　求

3.5.1　一般要求

（1）车间或生产设施排气筒应根据污染物的种类，在规定的监控位置设置采样孔和永久监测平台，同时设置规范的永久性排污口标志。

（2）新建汽车涂装生产线应在有机污染物处理设施的进、出口均设置采样孔；改（扩）建汽车涂装生产线应在有机污染物处理设施的出口设置采样孔，若有机污染物处理设施进口能够满足相关工艺及生产安全要求，则应同时在入口处设置采样孔。

（3）车间或生产设施排气筒高度应不低于 15 m，具体高度应根据环境影响评价来确定。两根排放相同污染物的排气筒，若其距离小于其几何高度之和，则应合并视为一根等效排气筒。若有三根以上的近距离排气筒，且排放同一种污染物，则应以前两根的等效排气筒，依次与其余排气筒合并计算等效排放值。

（4）污染源采样点数目和位置的设置，按照《固定污染源排气中颗粒物测定与气态污染物采样方法》（GB/T 16157）中相关要求执行。若排气筒采用多筒集合式排放，应在合并排气筒前的各分管上设置采样孔。监测平台面积应不小于 4 m²，高度距地面大于 5 m 时需安装旋梯、"Z"字梯或升降电梯。厂界大气污染物监控点数目和位置的设置，按照《大气污染物无组织排放监测技术导则》（HJ/T 55）和《大气污染物综合排放标准》（GB 16297）附录 C 中相关要求执行。

（5）汽车涂装生产线大气污染排放监测的工况要求、采样方法、采样频次和采样时间等应按照《固定污染源排气中颗粒物测定与气态污染物采样方法》（GB/T 16157）、《固定源废气监测技术规范》（HJ/T 397）、《环境空气质量手工监测技术规范》（HJ 194）、《大气污染物无组织排放监测技术导则》（HJ/T 55）、《固定污染源废气 挥发性有机物的采样 气袋法》（HJ 732）和相关分析方法标准中的采样部分执行。当使用气袋法采集有机物样品时，气袋注入标准气体放置 8 h 后，平均浓度衰减率应不大于 15%。

（6）污染源的污染物排放连续监测系统的安装及运行维护，按照《污染源自动监控管理办法》《固定污染源烟气（SO_2、NO_x、颗粒物）排放连续监测技术规范》（HJ 75）中的相关要求及其他国家的相关规定，以及上海市的相关法律和规定执行。

3.5.2 分析方法

大气污染物监测分析方法见表 3 - 16。

表 3 - 16 大气污染物监测分析方法

序号	污染物	方 法 名 称	标准号
1	苯	《环境空气 苯系物的测定 固体吸附/热脱附-气相色谱法》	HJ 583
		《环境空气 苯系物的测定 活性炭吸附／二硫化碳解吸-气相色谱法》	HJ 584
		《环境空气 挥发性有机物的测定 吸附管采样-热脱附/气相色谱-质谱法》	HJ 644
		《固定污染源废气 挥发性有机物的测定 固相吸附-热脱附/气相色谱-质谱法》	HJ 734
		固定污染源废气苯系物的测定气袋采样-气相色谱法	本标准附录 C

序号	污染物	方　法　名　称	标准号
2	甲苯	《环境空气　苯系物的测定　固体吸附/热脱附-气相色谱法》	HJ 583
		《环境空气　苯系物的测定　活性炭吸附/二硫化碳解吸-气相色谱法》	HJ 584
		《环境空气　挥发性有机物的测定　吸附管采样-热脱附/气相色谱-质谱法》	HJ 644
		《固定污染源废气　挥发性有机物的测定　固相吸附-热脱附/气相色谱-质谱法》	HJ 734
		固定污染源废气苯系物的测定气袋采样-气相色谱法	本标准附录 C
3	二甲苯	《环境空气　苯系物的测定　固体吸附/热脱附-气相色谱法》	HJ 583
		《环境空气　苯系物的测定　活性炭吸附/二硫化碳解吸-气相色谱法》	HJ 584
		《环境空气　挥发性有机物的测定　吸附管采样-热脱附/气相色谱-质谱法》	HJ 644
		《固定污染源废气　挥发性有机物的测定　固相吸附-热脱附/气相色谱-质谱法》	HJ 734
		固定污染源废气苯系物的测定气袋采样-气相色谱法	本标准附录 C
4	苯系物	《环境空气　苯系物的测定　固体吸附/热脱附-气相色谱法》	HJ 583
		《环境空气　苯系物的测定　活性炭吸附/二硫化碳解吸-气相色谱法》	HJ 584
		《环境空气　挥发性有机物的测定　吸附管采样-热脱附/气相色谱-质谱法》	HJ 644

序号	污染物	方　法　名　称	标准号
4	苯系物	《固定污染源废气　挥发性有机物的测定　固相吸附-热脱附/气相色谱-质谱法》	HJ 734
		固定污染源废气苯系物的测定气袋采样-气相色谱法	本标准附录 C
5	非甲烷总烃	《固定污染源排气中非甲烷总烃的测定　气相色谱法》	HJ 38
6	颗粒物	《环境空气　总悬浮颗粒物的测定　重量法》	GB/T 15432
		《固定污染源排气中颗粒物测定与气态污染物采样方法》	GB/T 16157

制定依据如下：

为便于实施大气污染监测,参考《固定污染源排气中颗粒物测定与气态污染物采样方法》(GB/T 16157)、《固定源废气监测技术规范》(HJ/T 397)、《环境空气质量手工监测技术规范》(HJ 194)、《大气污染物无组织排放监测技术导则》(HJ/T 55)、《固定污染源废气　挥发性有机物的采样　气袋法》(HJ 732)等,本标准规定了工况要求、采样平台、采样点位、采样方法、采样频次、采样时间和等效排放的要求。

根据《固定污染源废气　挥发性有机物的采样　气袋法》(HJ 732)的试验结果,对气袋质量提出具体要求。当使用气袋法采集有机物样品时,气袋注入标准气体放置 8 h 后,平均浓度衰减率应不大于 15%。

固定污染源 VOCs 排放连续监测系统的安装及运行维护按照国家标准以及上海市的相关法律和规定执行。

根据控制指标列出已发布的国家标准分析方法。为提高苯系物测定方法的准确性和便捷性,本标准附录 C 规定了测定汽车制造业(涂装)固定污染源废气中苯系物的气袋采样-气相色谱法。

3.6　实　施　与　监　督

本标准由市和区、县环境保护行政主管部门负责监督实施。

在任何情况下,企业均应遵守本标准规定的污染物排放控制要求,采取必要的措施保证污染防治设施正常运行。各级环保部门在对企业进行监督性检查时,现场即时采样或监测的结果,可以作为判定排污行为是否符合排放标准以及实施相关环境保护管理措施的依据。

制定依据如下:

标准的监督实施单位主体为市和区、县环境保护行政主管部门。

各级环保部门在对企业进行监督性检查时,现场即时采样或监测的结果,可以作为判定排污行为是否符合排放标准以及实施相关环境保护管理措施的依据。对于有组织排放,按照监测规范要求测得的任意 1 h 平均浓度值不超过本标准规定的限值,判定为达标。对于无组织排放,按照监测规范要求测得的任意 1 h 平均浓度值不超过本标准规定的限值,判定为达标。

在任何情况下,企业有义务按规定保证污染防治设施正常运行。企业未遵守本标准规定的措施性控制要求,属于违法行为,依照法律法规等有关规定予以处理。

3.7　达　标　分　析

为调查了解上海市汽车制造企业实际排放情况,对部分典型企业开展实际监测,监测内容见表 3 - 17。

表 3 - 17　监测内容

企业类别	监 测 点 位	监 测 项 目
乘用车厂	中涂喷漆室排气筒出口	污染源:风量、颗粒物、苯系物、VOCs
	色漆喷涂室排气筒出口	无组织:苯系物、VOCs

续　表

企业类别	监　测　点　位	监　测　项　目
乘用车厂	清漆喷涂室排气筒出口	污染源：风量、颗粒物、苯系物、VOCs 无组织：苯系物、VOCs
	焚烧炉排气筒出口	
	厂界下风向 3 个测点	
客车厂	中涂喷漆室排气筒出口	
	色漆喷漆室排气筒出口	
	清漆喷涂室排气筒出口	
	中涂烘干室排气筒出口	
	厂界下风向 3 个测点	

按照标准排放浓度限值要求,统计分析典型汽车制造企业实际监测结果,超标率统计见表 3 - 18、表 3 - 19,达标情况统计见表 3 - 20。

表 3 - 18　污染源监测单次超标率统计

企业名称	污染源	苯	甲苯	二甲苯	苯系物	非甲烷总烃	颗粒物
A 厂	喷漆室	达标	达标	33%	33%	33%	未监测
	烘干室	达标	达标	达标	达标	达标	未监测
B 厂	喷漆室	达标	达标	达标	33%	33%	未监测
	烘干室	达标	达标	达标	达标	达标	未监测
C 厂	喷漆室	达标	达标	33%	33%	达标	未监测
	烘干室	达标	达标	达标	达标	达标	未监测
D 厂	喷漆室	达标	达标	达标	33%	33%	达标
	烘干室	达标	达标	达标	达标	达标	达标
E 厂 (客车厂)	喷漆室	达标	100%	100%	100%	100%	达标
	烘干室	达标	达标	达标	达标	达标	达标

从表 3 - 18 可见,已监测的污染源颗粒物排放浓度均能达标。各家企业 VOCs 均存在超标情况,且超标指标不同。其中喷漆室主要超标指标是二甲苯、苯系物和非甲烷总烃,主要超标工艺为清漆喷涂室。使用溶剂型涂料的喷漆室排放浓度超标比较明显,使用水性涂料的喷漆室则不存在超标情况。

其中,A 厂和 B 厂投产较早,均采用全溶剂型涂料;C 厂采用水性色涂+溶剂型中涂和清漆;D 厂投产时间较晚,其涂装工艺为水性中涂+水性色漆+双组分罩光清漆;E 厂客车生产采用人工喷涂全溶剂型涂料。经过与各企业充分交流,A 厂计划拆除旧厂建设新厂;B 厂色漆改用水性涂料,清漆废气焚烧处理;C 厂和 D 厂清漆废气焚烧处理;E 厂(客车厂)涂装车间生产工艺流程基本不变,主要采用机器人喷涂替代人工喷涂,将溶剂型面漆和彩条面漆改为水性涂料,将三道清漆改为一道清漆。配合水性涂料的喷涂和烘干工艺,对原有喷涂室和烘干室等进行相应改造。因焚烧处理设计的处理效率>90%,经过改造,各企业均应能够达到标准排放要求。烘干室废气经焚烧处理后排放,若处理设施能够按照设计参数运行,则排放浓度能够达标。

表 3 - 19　厂界大气污染物监控点单次超标率统计

企业名称	苯	甲　苯	二甲苯
A 厂	达标	达标	达标
B 厂	达标	达标	达标
C 厂	达标	达标	达标
D 厂	达标	达标	达标
E 厂(客车厂)	达标	达标	达标

从表 3 - 19 可见,在汽车涂装生产线设置密闭排气系统和大气污染物处理设施的情况下,涂装生产对厂界监控点影响较小,厂界大气污染物监控点排放浓度均能够达标。

表 3-20 单位涂装面积 VOCs 排放量达标情况统计 (数据由企业申报)

企业名称	现状/ (g/m²)	排放限值/ (g/m²)	达标情况
A 厂	70	35	超标
B 厂	70	35	超标
C 厂	30	35	达标
D 厂	28	35	达标
E 厂 (客车厂)	403	150	超标
F 厂 (客车厂)	350	150	超标

从表 3-20 可见,采用全溶剂型涂料的企业单位涂装面积 VOCs 排放量超标明显,采用水性涂料的企业能够达到标准限值要求。

因此汽车制造企业通过采用低 VOCs 含量的环保涂料和改进涂装工艺技术方法,减少 VOCs 排放,从而有效降低 VOCs 排放浓度和单位涂装面积 VOCs 排放量。采取焚烧处理技术,进一步降低 VOCs 排放浓度,达到标准要求。

从现有涂装生产水平、污染控制技术及实际监测数据分析,各企业均存在不同程度的超标情况。为保证达到标准排放限值要求,各乘用车制造企业均根据自身的生产现状做出改造评估计划,经过两年的技术改造,均可达到标准要求。因此,此标准的达标可行性能够满足实际需求,具有较好的可操作性。

各乘用车制造企业采用主要改造技术如表 3-21。

表 3-21 各乘用车制造企业采用主要改造技术

企业名称	改 造 措 施	新 建 项 目
A 厂	喷漆室废气焚烧	水性色漆+"3C1B"工艺+喷漆室废气焚烧
B、C 厂	水性色漆+喷漆室废气焚烧	水性中涂+水性色漆+喷漆室废气焚烧
D 厂	喷漆室废气焚烧	—

客车制造企业采用全溶剂型涂料,且生产工艺和污染物处理技术较落后,大气污染物排放超标情况比较严重。通过调研国内外客车制造企业可见,国际先进水平的客车制造企业采用全水性涂料和人工喷涂方式,单位涂装面积 VOCs 排放总量可达到标准要求。这也是现有客车制造企业的主要改造途径。

根据汽车年产量及单位涂装面积 VOCs 排放总量估算实施本标准后VOCs 减排量统计见表 3 - 22。

表 3 - 22　本标准实施后 VOCs 减排量统计

企业名称	产量/（万辆/a）	现有单位涂装面积 VOCs 排放总量/（g/m²）	标准限值/（g/m²）	现有 VOCs 排放量/（t/a）	VOCs 减排量/（t/a）
A 厂	80	75	35	5 100	2 720
B 厂	30	53	35	1 352	459
C 厂	30	30	35	765	—
D 厂	10	30	35	255	—
E 厂（客车厂）	0.2	403	150	60	37
F 厂（客车厂）	0.3	350	150	78	44
合计	—	—	—	7 610	3 260

从表 3 - 22 可见,本标准实施前表面涂装(汽车制造业)VOCs 排放总量达到 7 610 t/a,根据大气污染物排放清单统计结果,汽车制造业涂装已经成为 VOCs 排放主要点源之一。本标准实施后,VOCs 减排量达到 3 260 t/a,约占现有排放量的 43%。其中臭氧生成潜势大,对空气质量影响显著的二甲苯、甲苯等特征污染物的排放量能够大幅降低,降低对 $PM_{2.5}$ 和 O_3 的污染贡献,促进空气质量的改善,带来的环境效益十分显著。

本标准的推出将引导企业逐渐限制和淘汰高 VOCs 含量的溶剂型涂料的应用,有效推进先进汽车涂装工艺和环保涂料的应用,提高生产管理水平,将大气污染物排放水平控制在符合标准要求的范围内。部分汽车制造企业由于建设年限较早,涂装生产工艺水平较低,为满足本标准的要求,须对喷漆室废气进行处理。这些企业采用的改造计划及相关经济投入估算如表 3－23。

表 3－23　乘用车制造企业改造计划及相关经济投入估算

企业名称	改 造 措 施	投资预估/亿元	停产预估/周	运营成本增加/（元/台）
A 厂	喷漆室废气焚烧	2.5	2	62
B、C 厂	水性色漆＋清漆废气焚烧	4.9	14	30
D 厂	清漆废气焚烧	0.7	2	21

乘用车汽车制造企业的评估经济投入及停产损失均在可承受范围内,可以保证本标准的顺利实施。

客车制造企业改造途径主要是改用水性涂料,但国产水性涂料质量不能满足工艺要求,进口水性涂料价格较高,为现有成本的 2.5~3 倍。如采用水性低温色漆,色漆涂装成本约为 2 000 元/台。因此在产量较低的情况下,成本压力较大。

第4章 汽车制造业 VOCs
排放量核算方法

2020 年,生态环境部发布了《污染源源强核算技术指南 汽车制造》(HJ 1097—2020),规定了汽车制造污染源源强核算的基本原则、内容、核算方法及要求等。适用于汽车制造正常工况和非正常工况下污染物释放源强核算。

汽车制造业 VOCs 源强核算程序包括各工序污染源识别与污染物确定阶段、核算方法及参数选定阶段、源强核算阶段、核算结果汇总阶段等,见图 4-1。

4.1 污染源识别

污染源的识别应结合行业特点,涵盖所有工艺和装备类型,明确所有可能产生废气污染物的场所、设备或装置,包括可能对环境产生不利影响的"跑、冒、滴、漏"等现象。

废气污染源类型按照污染源形式可划分为点排放源、面排放源、线排放源、体排放源,按照排放方式可划分为有组织排放源、无组织排放源,按照排放特性可划分为连续排放源、间歇排放源,按照排放状态可划分为正常排放源、非正常排放源。

以某乘用车制造企业为例,主要 VOCs 排放源是涂装作业的电泳、中涂、色漆、清漆的喷涂和烘干过程中溶剂的挥发,密封胶、粘接剂和保护蜡中挥发分的散发,以及涂料、稀释剂和清洗剂等 VOCs 料在储存、调配过程,涂装器械清洗过程,喷漆废水、废弃涂料、废弃容器等输送和储存过程的溶剂散逸,以某乘用车制造企业为例,其 VOCs 排放源见图 4-2。

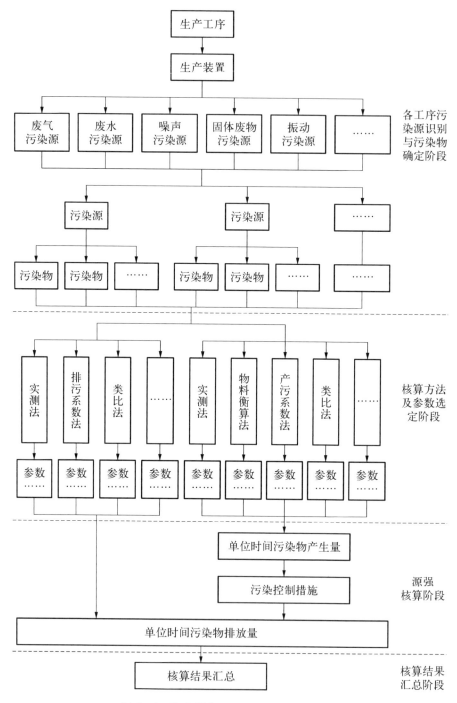

图 4-1 汽车制造业 VOCs 源强核算程序

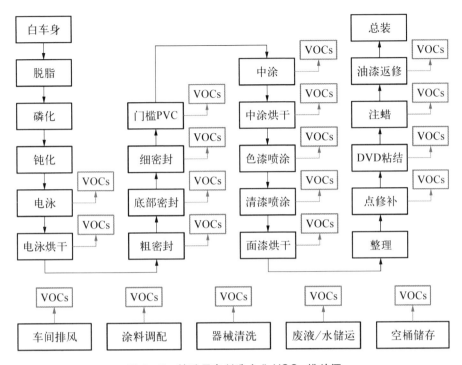

图 4 - 2　某乘用车制造企业 VOCs 排放源

除涂装车间外,总装车间在玻璃涂胶和转鼓试验区对整车进行车速检测、车辆动态检测、制动力测试,LEP 检查区对汽车发动机工况检测、废气检测。

汽车车速检测、动态检测、制动力测试、废气监测等产生汽车尾气,汽油加注产生油气。

4.2　污 染 物 确 认

汽车制造业 VOCs 污染物应根据国家相关排放标准及地方相关排放标准中的污染物来确定。对生产过程可能产生的,但国家或地方污染物排放标准中尚未列入的污染物,可依据环境质量标准、其他行业标准、其他国家或国际组织排放标准、地方人民政府或生态环境主管部门环境质量改善需求的要求,根据原辅材料及燃料使用和生产工艺情况进行分析确定。

以上海市某乘用车制造企业为例,地方相关排放标准中的 VOCs 污染物汇总见表 4 - 1。

表 4-1 相关排放标准中 VOCs 污染物汇总

标 准 名 称	控 制 指 标
《大气污染物综合排放标准》（DB31/933—2015）	苯、甲苯、二甲苯、异丙醇、正丁醇、异丁醇、丙酮、甲基异丁基酮、乙酸乙酯、乙酸乙烯酯、乙酸丁酯、苯系物、非甲烷总烃
《汽车制造业（涂装）大气污染物排放标准》（DB31/859—2014）	苯、甲苯、二甲苯、苯系物、非甲烷总烃
《恶臭污染物排放标准》（DB31/1025—2016）	乙苯、苯乙烯、甲基乙基酮、甲基异丁基酮、乙酸乙酯和乙酸丁酯

涂装车间使用的含 VOCs 原辅材料主要有电泳漆、中涂漆、底漆和色漆、清漆，以及相应的稀释剂和清洗剂，还有密封胶、保护蜡、粘接剂等。

代表性电泳漆及其特性汇总于表 4-2，主要溶剂组分为 1-丁氧基-2-丙醇（1,2-丙二醇-1-丁醚），电泳漆的 VOCs 含量约为 2%。

表 4-2 代表性电泳漆及其特性汇总

型号、品名	组 分	有 机 溶 剂
FT230550 无铅阴极电泳乳液	水溶液、聚醚、环氧树脂衍生物、有机溶剂、聚氨酯	CAS 登记号：5131-66-8 1-丁氧基-2-丙醇 含量：1%~2%
FT247550 无铅阴极电泳色浆	水溶液、填料、环氧树脂衍生物、颜料	—
J270 629-1930 AM 电泳色浆	二样化钛、硫酸钡、2-丁氧基乙醇、炭黑	—
AM 电泳树脂液	—	—

代表性中涂涂料及其特性汇总于表 4-3，涂料中含量较高的组分是乙二醇丁醚醋酸酯（乙酸-2-丁氧基乙酯），以及二甲苯和轻芳烃溶剂油等。根据实验室失重法实测数据，中涂漆的 VOCs 含量为 31.6%。

表 4-3　代表性中涂涂料及其特性汇总

型号品名	组　　分		
FC607B00 5910 浅灰中涂	乙烯酯、填料、聚酯树脂、氨基树脂、有机溶剂、颜料、环氧树脂、聚氨酯		
	化　合　物	CAS 登记号	含量/%
	甲醛	50-00-0	0.1~0.2
	正丁醇	71-36-3	2.5~3.0
	1,2,4-三甲苯	95-63-6	3~5
	异丙苯	98-82-8	0.5~1
	乙苯	100-41-4	1~2
	正丙苯	103-65-1	0.5~1
	均三甲苯(1,3,5-三甲苯)	108-67-8	1~2
	环己烷	110-82-7	0.1~0.2
	乙二醇丁醚醋酸酯	112-07-2	7~10
	二甲苯	1330-20-7	5~7
	轻芳烃溶剂油	64742-95-6	5~7
	聚氨基甲酸乙酯树脂	51-79-6	3~5

　　代表性色漆及其特性汇总于表 4-4,涂料中含量较高的组分是乙酸乙酯,以及三甲苯、异丁醇和轻芳烃溶剂油等。根据实测数据,色漆的 VOCs 含量为 70%。

　　代表性清漆及其特性汇总于表 4-5,涂料中含量较高的组分是轻芳烃溶剂油、三甲苯和正丁醇等。根据实测数据,色漆的 VOCs 含量为 49.6%。

　　代表性稀释剂及其特性汇总于表 4-6,主要组分为乙酸丁酯和二甲苯。稀释剂为溶剂型,VOCs 以 100% 计。

表 4 - 4　代表性色漆及其特性汇总

型号品名	组　　分		
FD86318J 法兰红 单色底漆	聚酯树脂、纤维素树脂、氨基树脂、有机溶剂、颜料、环氧树脂、聚氨酯		
	化　合　物	CAS 登记号	含量/%
	甲醛	50 - 00 - 0	0.1~1
	正丁醇	71 - 36 - 3	1~2.5
	1,2,4 - 三甲苯	95 - 63 - 6	2.5~10
	异丙苯	98 - 82 - 8	0.1~1
	正丙苯	103 - 65 - 1	0.1~1
	均三甲苯	108 - 67 - 8	0.1~1
	乙二醇丁醚醋酸酯	112 - 07 - 2	1~2.5
	二甲苯	1330 - 20 - 7	1~2.5
	轻芳烃溶剂油	64742 - 95 - 6	2.5~10
	聚氨基甲酸乙酯树脂	51 - 79 - 6	3~5
	乙酸乙酯	141 - 78 - 6	25~50
	异丁醇	78 - 83 - 1	2.5~10
FD14004A 玉白 单色底漆	聚酯树脂、纤维素树脂、氨基树脂、有机溶剂、颜料、环氧树脂、聚氨酯		
	化　合　物	CAS 登记号	含量/%
	甲醛	50 - 00 - 0	0.1~0.2
	异丁醇	78 - 83 - 1	3~5
	1,2,4 - 三甲苯	95 - 63 - 6	2.5~3
	异丙苯	98 - 82 - 8	0.3~0.5

续　表

型号品名	组　分		
	化　合　物	CAS 登记号	含量/%
	正丙苯	103－65－1	0.5~1
	均三甲苯	108－67－8	0.5~1
	环己烷	110－82－7	0.1~0.2
FD14004A 玉白 单色底漆	乙二醇丁醚醋酸酯	112－07－2	2~2.5
	乙酸乙酯	141－78－6	25~30
	二甲苯	1330－20－7	1~2
	轻芳烃溶剂油	64742－95－6	3~5
	羟基乙酸丁酯	7397－62－8	2~2.5

表 4－5　代表性清漆及其特性汇总

型号品名	组　分		
	丙烯酸树脂、氨基树脂、有机溶剂、聚氨酯		
	化　合　物	CAS 登记号	含量/%
	甲醛	50－00－0	0.3~0.5
	正丁醇	71－36－3	7~10
FFF71042A 星光清漆	萘	91－20－3	0.5~1
	邻二甲苯	95－47－6	1~2
	1,2,4-三甲苯	95－63－6	7~10
	异丙苯	98－82－8	0.5~1
	正丙苯	103－65－1	1~2

续 表

型号品名	组 分		
	化 合 物	CAS 登记号	含量/%
FFF71042A 星光清漆	均三甲苯	108－67－8	2~2.5
	乙酸乙酯	141－78－6	3~5
	二甲苯	1330－20－7	1~2
	乙二醇丁醚醋酸酯	112－07－2	1~2.5
	轻芳烃溶剂油	64742－95－6	10~12.5

表 4－6 代表性稀释剂及其特性汇总

型号品名	组 分	CAS 登记号	含量/%
ALV862000 金属漆稀释剂	乙酸丁酯	123－86－4	40~50
	二甲苯	1330－20－7	30~40
	乙苯	100－41－4	5~10
	甲苯	108－88－3	0.1~0.3
SV13068A 金属漆稀料	正丁醇	71－36－3	5~7
	乙苯	100－41－4	7~10
	乙酸丁酯	123－86－4	30~50
	二甲苯	1330－20－7	50~75

　　代表性密封胶及其特性汇总于表 4－7,其中含有少量的溶剂。根据实测数据,密封胶的 VOCs 含量约为 5%。

　　代表性保护蜡及其特性汇总于表 4－8。参照密封胶的测试结果,保护蜡的 VOCs 含量约为 5%。

表 4 - 7　代表性密封胶及其特性汇总

型　号　品　名	组　　　分	含量/%
EFCOAT PB S01 S3 塑溶胶	塑料和颜料	30 ~ 40
	增塑剂	20 ~ 30
	溶剂	2 ~ 10
	PVC 树脂	20 ~ 30

表 4 - 8　代表性保护蜡及其特性汇总

型　号　品　名	组　　　　分
AKR337F25 空腔注蜡	石蜡、长链碳氢化合物
AKR329110 门板喷蜡	醇酸树脂、防腐添加剂(磺酸盐)、脂肪酸酯、颜料、增稠剂、干燥剂、荧光染料

综上所述,该乘用车制造企业识别的 VOCs 包括甲苯、二甲苯、乙苯、正丁醇、异丁醇、乙酸乙酯和乙酸丁酯。

4.3　核算方法选取

4.3.1　核算方法

汽车制造污染源源强核算方法包括实测法、类比法、物料衡算法和产污系数法等。

1. 实测法

实测法是通过实际废气排放量及其所对应污染物排放浓度核算污染物排放量,适用于具有有效自动监测或手工监测数据的现有工程污染源。非正常工况时,具备有效自动监测数据或手工监测数据的现有工程污染源,也可采用如下计算。

1）采用自动监测系统数据核算

安装自动监测系统并与生态环境主管部门联网的废气污染源,应采用符合相关规范的有效自动监测数据来核算废气污染物源强。采用自动监测数据核算废气污染物源强,应采用核算时段内所有的小时平均数据进行计算。污染源自动监测系统及数据须符合《固定污染源烟气(SO_2、NO_x、颗粒物)排放连续监测技术规范》(HJ 75[①])、《固定污染源烟气(SO_2、NO_x、颗粒物)排放连续监测系统技术要求及检测方法》(HJ 76)、《固定污染源监测质量保证与质量控制技术规范(试行)》(HJ/T 373)、《环境监测质量管理技术导则》(HJ 630)、《排污单位自行监测技术指南　总则》(HJ 819)、《固定污染源废气非甲烷总烃连续监测系统技术要求及检测方法》(HJ 1013)、汽车制造业排污单位的自行监测技术指南及排污单位排污许可证等要求。

废气中某污染物排放量按下式核算:

$$d = \sum_{i=1}^{n} (\rho_i \times q_i \times 10^{-9}) \qquad (4-1)$$

式中　d——核算时段内废气中某污染物排放量,t;

　　　ρ_i——标准状态下某污染物第 i 小时的实测排放质量浓度,mg/m³;

　　　q_i——标准状态下第 i 小时废气排放量,m³/h;

　　　n——核算时段内污染物排放时间,h。

2）采用手工监测数据核算

自动监测系统未能监测的污染物或未安装自动监测系统的污染源、污染物,采用监督监测、排污单位自行监测等手工监测数据,核算污染物源强。采用手工监测数据核算污染物源强,应采用核算时段内所有有效的手工监测数据进行计算。排污单位自行监测频次、监测期间生产工况、数据有效性等须符合《大气污染物综合排放标准》(GB 16297)、《固定污染源排气中颗粒物测定与气态污染物采样方法》(GB/T 16157)、《固定污染源监测质量保证与质量控制技术规范(试行)》(HJ/T 373)、《固定源废气监测技术规范》(HJ/T 397)、《环境监测质量管理技术导则》(HJ 630)、《排污单位自行监测

---

① 本章中凡是未注明日期的引用文件,其最新版本适用于 HJ 1097—2020。

技术指南　总则》(HJ 819)、《固定污染源废气　总烃、甲烷和非甲烷总烃的测定　气相色谱法》(HJ 38)、《固定污染源废气　挥发性有机物的采样　气袋法》(HJ 732)、《固定污染源废气　挥发性有机物的测定　固相吸附-热脱附/气相色谱-质谱法》(HJ 734)、《环境空气和废气　总烃、甲烷和非甲烷总烃便携式监测仪技术要求及检测方法》(HJ 1012)、汽车制造业排污单位的自行监测技术指南及排污单位排污许可证等要求。除监督监测外,其他所有手工监测时段的生产负荷应不低于本次监测与上一次监测周期内的平均生产负荷,并给出生产负荷的对比结果。

废气中某污染物排放量按下式进行核算:

$$d = \frac{\sum_{i=1}^{n}(\rho_i \times q_i)}{n} \times h \times 10^{-9} \qquad (4-2)$$

式中　d——核算时段内废气中某污染物排放量,t;

ρ_i——标准状态下某污染物第 i 次监测实测小时排放质量浓度,mg/m³;

q_i——标准状态下第 i 次监测小时废气排放量,m³/h;

n——核算时段内有效监测数据数量,量纲为 1;

h——核算时段内污染物排放时间,h。

2. 类比法

考虑原辅燃料成分、生产工艺、污染控制措施和生产设施产品及其规模等方面,废气有组织排放的污染物源强可类比符合条件的现有工程废气污染物有效实测数据进行核算。同时满足以下 4 条适用原则的,方可适用类比法:

(1) 原辅料及燃料类型相同且与污染物排放相关的成分相似;

(2) 生产工艺相同;

(3) 污染控制措施相似,且污染物设计去除效率不低于类比对象去除效率;

(4) 生产设施产品相同或相似且规模差异不超过 20%。

无组织排放的污染物源强核算应考虑设施封闭情况、废气收集系统的收集效果等因素。

汽车行业属典型的离散行业,整车等最终产品是通过不同零部件组装而成的,生产设备按照工艺进行布置,可分为若干个独立的生产单元。最终产品相同的两家企业,也可能存在零部件自产、外协情况不同,生产单元设置不同,产排污大相径庭等情况。

因此,类比条件中生产设施产品相同,不是指将两个企业最终产品相同作为类比条件,而是指可对机械行业相同生产单元相同生产线或生产设备满足条件进行类比。例如下料设施只要切割对象都是中厚板,则不管是汽车行业专用车生产企业,还是通用设备制造业拖拉机生产企业,工艺、设备规模等满足条件均可进行颗粒物产污量类比;湿式机械加工只要对象是铸铁件毛坯,不管最终产品是发动机零部件,还是变速箱零部件、车桥零部件,工艺、设备规模等满足条件均可进行油雾产污量类比。

3. 产污系数法

废气污染物均采用下式进行计算:

$$D = \alpha \times Q \times 10^{-3} \tag{4-3}$$

式中 D——核算时段内某工序某污染物的产生量,t;

α——某工序某污染物产污系数,kg/台产品、kg/t产品、kg/t原辅料、kg/t燃料或kg/万立方米燃料,参考全国污染源普查工业污染源普查数据(以最新版本为准);

Q——核算时段内产品产量、原材料或燃料消耗量,台产品、吨产品、吨原辅料、吨燃料或万立方米燃料。

4. 物料衡算法

物料衡算法用于 VOCs 排放量的核算基于以下考虑。

粘接、树脂纤维成型(糊制成型、拉挤成型)、涂装(溶剂擦拭、腻子烘干、涂胶、电泳、浸漆、喷漆等)等工段工艺使用物料含 VOCs 组分,产生 VOCs 排放,产生源项属于"有机溶剂类使用"。采用物料衡算法,对 VOCs 组分在不同工序的变化情况进行定量分析,即可得出产生量或排放量。

树脂注射成型、吹塑成型、搪塑成型设施使用的塑料材料,粉末喷涂使用的粉末涂料,均属高分子树脂材料,本身并不含 VOCs,而加热和烘干温度均低于树脂材料分解温度,生产过程中不会造成树脂材料分解,即不会产生大量 VOCs 排放,仅树脂材料中含有的微量单体式低聚物加热后释放,产生少量 VOCs 排放;发泡主要是发泡材料在发泡剂、催化剂、阻燃剂等多种助剂的作用下,通过专用设备混合,经高压喷涂现场发泡形成高分子聚合物,反应过程中产生少量 VOCs 排放。因此树脂注射成型、吹塑成型、搪塑成型、发泡成型设施和粉末喷涂后烘干设施产生的 VOCs 采用类比法或产污系数法核算,不适宜采用物料衡算法核算。

1) 单一工序排放

《排污许可证申请与核发技术规范　汽车制造业》(HJ 971—2018)以及上海、江苏、广东、山东汽车制造行业 VOCs 排放量计算方法等技术文件中,均给出了物料衡算法核算公式。这些公式基本相似,可统一为“VOCs 排放量=投用量-回收量-去除量”。该公式适用于物料中 VOCs 全部在单一工序中排放,如粘接、糊制成型、溶剂擦洗、腻子烘干、涂胶使用的原辅材料中的 VOCs,通过固化、烘干或直接挥发全部排放。

2) 非单一工序排放

在电泳、浸漆、喷漆过程中,物料中的 VOCs 并非在单一工序全部排放,如电泳过程电泳漆中的 VOCs 通过电泳、烘干分别排放,浸漆过程漆料中的 VOCs 通过浸漆、烘干分别排放,喷漆过程漆料中的 VOCs 通过喷漆、流平(或热闪干)、烘干分别排放。各工序废气污染源特点(如风量、VOCs 浓度等)不同,治理措施各不相同,因此必须明确物料带入 VOCs 在各工序挥发量占比系数,才能对各工序 VOCs 产生和排放量进行核算。

通过分析多个汽车项目监测数据,发现受 VOCs 表征方法、监测分析方法等问题的影响,实测结果与原料理论带入量普遍存在较大差距,现阶段通过各工序监测数据对比很难准确得出 VOCs 各工序挥发量占比系数。美国 AP-42 手册中介绍了喷漆室、烘干室 VOCs 排放占比。德国工程师协会规范 VDI3455 介绍了采用车身表面附铝试板承重的方法,模拟计算出 VOCs 在各工序的排放比例,该方法精确度较高,形成的比例系数普遍被汽车行业工程技术人员用于涂装车间设计计算。北京、上海、山东、广东关于汽车制造业地标编制说明中,VOCs 排放占比均表述为:在中涂和面漆喷涂过程中,约 80%~90% 的 VOCs 是在喷漆室和流平室排放,10%~20% 的 VOCs 随车身涂膜在烘干室中排放。综合美国 AP－42 手册、德国工程师协会 VDI3455 标准以及北京、上海、山东、广东关于汽车制造业地标编制说明中喷漆室、烘干室 VOCs 排放比例等研究成果,给出了电泳、浸漆过程物料中 VOCs 在电泳(或浸漆)、烘干工序的挥发比例,以及喷涂过程不同漆料(溶剂型、水性)、不同喷涂工艺(静电喷涂、空气喷涂)、不同工件(车身等大件喷涂、零部件喷涂)情况下物料中 VOCs 在喷漆、流平(或闪干)、烘干等工序挥发比例。

喷漆室除喷涂用漆料排放 VOCs 外,管路和喷枪(或旋杯雾化器)还需采用洗枪溶剂清洗,以免漆料堵塞或串色。《涂装行业清洁生产评价指标体系》规定“换色、洗枪、管道清洗产生的废溶剂需要全部收集”。据统计,采用负压收集罐废洗枪溶剂(危废)总收集率可达 70% 以上,洗枪溶剂总挥发量约为 30%;采用回收槽废洗枪溶剂总收集率仅为 30%,洗枪溶剂总挥发量约为 70%;若未设置废溶剂回收装置,则洗枪溶剂 100% 挥发,在喷漆室排放。

3)原辅料中 VOCs 含量

原辅料中 VOCs 含量采用设计值(化学品安全技术说明书 MSDS),在无设计值时,可参考《污染源源强核算技术指南 汽车制造》(HJ 1097)附录取值。该附录是在上海、江苏、山东和浙江汽车制造业 VOCs 排放量计算方法文件中“有机物料种类与 VOCs 含量参考值”以及《排污许可证申请与核发技术规范 汽车制造业》(HJ 971)中“涂装原辅料中的 VOCs 含量”等基础上总结而得的。

4)喷漆工序 VOCs 走向

对于喷漆工序 VOCs 仅考虑随废气输出,主要是由于:德国工程师协会规范 VDI3455 中对湿式喷漆室的研究表明,过喷涂料中 VOCs 和漆雾一起进入循环水后,漆雾绝大多数被水吸收,VOCs 也会部分被水溶解,测量显示饱和状态下循环水中的 VOCs 质量浓度介于 $1 \sim 3 \, g/L$,VOCs 继续进入则不会再溶解,而随废气外排。因此,考虑湿式喷漆室循环水均设除渣系统除漆渣后循环使用,定期(一般循环使用 $3 \sim 6$ 月)外排,所以随废水排入污水处理站处理的 VOCs 质量浓度很低。此外,经调查,涂料中大约有 $1\% \sim 2\%$ 溶剂被裹进漆渣。而漆渣处理间、循环水池若不密闭收集废气,则会出现 VOCs 无组织排放情况。

对于可能随喷漆废水和漆渣带走的 VOCs,在标准中均以 VOCs 无组织排放来考虑,该部分无组织排放量占喷漆工序 VOCs 挥发量的比例,受漆渣处理间、循环水池废气收集和处理措施的效果,以及漆渣减量措施(如烘干)和相应废气处理措施的效果等综合因素的影响。因喷漆室洁净度是汽车喷漆质量的基本保障,故除随喷漆废水和漆渣带走的 VOCs 无组织排放外,为满足喷漆室洁净度要求,现有汽车生产企业喷漆室均采取密闭、微正压操作、补充洁净空气等措施,以防止车间内未经处理、洁净度低的空气进入喷漆室影响喷漆质量。因此,喷漆室不可避免地会产生 VOCs 无组织排放的情况。

因此进行源强核算时,应考虑喷漆室和随喷漆废水、漆渣无组织排放的 VOCs,并从给出的喷漆工序 VOCs 挥发量比例中扣除。

综上,得出汽车制造业 VOCs 排放量计算方法如下。

(1) 物料带入 VOCs 量的核算

物料带入 VOCs 量采用下式计算:

$$D_{物料} = G \times \frac{W}{100} \qquad (4-4)$$

式中 $D_{物料}$——核算时段内某物料带入 VOCs 量,t;

G——核算时段内含 VOCs 某物料消耗量,t,汽车制造 VOCs 来源于使用的各种原辅料,原辅料包括但不限于:涂料、稀释剂、固化剂、清洗或擦洗溶剂、密封胶、粘接剂、保护蜡等;

W——核算时段内某物料中 VOCs 含量,%,采用设计值,无设计值时参考本标准附录 D 确定。

(2) 粘接固化、腻子烘干、密封胶烘干以及溶剂擦洗、糊制、拉挤成型工序

粘接固化、腻子烘干、密封胶烘干以及溶剂擦洗、糊制、拉挤成型使用的粘接剂、腻子、密封胶等原辅料中的 VOCs,主要通过固化、烘干或直接挥发,产生量采用下式计算:

$$D = D_{物料} \qquad (4-5)$$

式中 D——核算时段内上述某工序 VOCs 产生量,t;

$D_{物料}$——核算时段内上述某工序使用物料带入 VOCs 量,t,采用式(4-4)核算。

（3）电泳底漆、溶剂型涂料浸涂及烘干工序

电泳底漆、浸涂用溶剂型涂料中含 VOCs,通过电泳或浸涂、烘干等工序全部产生,VOCs 产生量采用下式计算:

$$D_{电泳或浸涂} = D_{物料} \times \frac{K_{电泳或浸涂}}{100} \qquad (4-6)$$

$$D_{烘干} = D_{物料} \times \frac{K_{烘干}}{100} \qquad (4-7)$$

式中 $D_{电泳或浸涂}$——核算时段内电泳或浸涂工序 VOCs 产生量,t;

$D_{物料}$——核算时段内电泳或浸涂工序使用物料带入 VOCs 量,t,采用式(4-4)核算;

$K_{电泳或浸涂}$——电泳或浸涂工序 VOCs 产生量占比,%;

$D_{烘干}$——核算时段内电泳或浸涂烘干工序 VOCs 产生量,t;

$K_{烘干}$——电泳或浸涂烘干工序挥发量占比,%。

电泳或浸涂、烘干工序 VOCs 产生量占比系数采用设计值,无设计值时参考本标准附录 E 确定。

（4）喷底漆、中涂、面漆（含色漆+罩光漆）及烘干工序

底漆、中涂漆、面漆（含色漆+罩光漆）中含 VOCs,通过喷涂、流平（热流平）、烘干等工序全部排放,各工序 VOCs 产生量采用下式计算:

$$D_{喷涂} = D_{物料} \times \frac{K_{喷涂}}{100} + D_{清洗溶剂} \times \left(1 - \frac{\lambda_{回收}}{100}\right) \qquad (4-8)$$

$$D_{流平或热流平} = D_{物料} \times \frac{K_{流平或热流平}}{100} \qquad (4-9)$$

$$D_{烘干} = D_{物料} \times \frac{K_{烘干}}{100} \qquad (4-10)$$

式中 $D_{喷涂}$——核算时段内喷涂工序 VOCs 产生量,t;

$D_{物料}$——核算时段内底漆、中涂、面漆（含色漆+罩光漆）工序使用物

料带入 VOCs 量,kg,采用式(4-4)核算;

$D_{清洗溶剂}$——核算时段内清洗溶剂中 VOCs 总含量,t,采用式(4-4)核算;

$K_{喷涂}$——喷涂工序 VOCs 产生量占比,%;

$\lambda_{回收}$——废清洗溶剂回收率,%;

$D_{流平或热流平}$——核算时段内流平或热流平工序 VOCs 产生量,t;

$K_{流平或热流平}$——流平(热流平)工序 VOCs 产生量占比,%;

$D_{烘干}$——核算时段内烘干工序 VOCs 产生量,t;

$K_{烘干}$——烘干工序 VOCs 产生量占比,%。

喷涂、流平(含热流平)、烘干工序 VOCs 产生量占比系数以及不同清洗溶剂回收率采用设计值,无设计值时参考本标准附录 E 确定。

苯、甲苯、二甲苯产生量均按照上述计算方法进行核算。

4.3.2　方法选取

按照不同企业类型、环境要素、污染源类型分别给出了不同污染因子的源强核算方法优先次序,在核算源强时,应按照优先次序依次选取核算方法,如采用排序靠后的核算方法,应说明无法采用优先核算方法的合理理由。

核算方法优先级别的确定应遵循简便高效、科学准确、统一规范的原则。新(改、扩)建工程污染源源强的核算,应依据污染源和污染物特性确定核算方法的优先级别,不断提高产污系数法、排污系数法的适用性和准确性。现有工程污染源源强的核算应优先采用实测法,各行业指南也可根据行业特点确定其他核算方法;采用实测法核算时,对于排污单位自行监测技术指南及排污许可证等要求采用自动监测的污染因子,仅可采用有效的自动监测数据进行核算;对于排污单位自行监测技术指南及排污许可证等未要求采用自动监测的污染因子,核算源强时优先采用自动监测数据,其次采用手工监测数据。行业指南应明确产污系数和排污系数的选取原则。

1. 新(改、扩)建工程污染源

正常工况下,粘接固化设施产生的 VOCs,糊制、拉挤成型设施产生的

VOCs,电泳设施产生的 VOCs,溶剂型涂料浸涂设施产生的苯、甲苯、二甲苯、VOCs,溶剂擦洗设施产生的 VOCs,喷涂设施产生的苯、甲苯、二甲苯、VOCs,流平(含热流平)设施产生的苯、甲苯、二甲苯、VOCs,电泳、腻子、密封胶烘干设施产生的 VOCs,溶剂型涂料浸涂、喷涂等烘干设施产生的苯、甲苯、二甲苯、VOCs,均采用物料衡算法核算。

注射、挤压、吹塑、发泡等成型设施产生的 VOCs,粉末喷涂后热固化设施产生的 VOCs,优先采用产污系数法核算,其次采用类比法核算。

湿式机械加工及工件清洗设施产生的 VOCs,淬火、浸油、熔渗处理设施产生的 VOCs,表面热处理淬火油槽设施产生的 VOCs,优先采用类比法核算,其次采用产污系数法核算。

汽油发动机和汽油整车检测试验设施产生的 VOCs,柴油(燃气)整车检测试验设施产生的 VOCs,柴油(燃气)发动机出厂检测和性能研发试验设施产生的 VOCs,采用类比法核算。

2. 现有工程污染源

正常工况时,粘接固化设施产生的 VOCs,糊制、拉挤成型设施产生的 VOCs,电泳设施产生的 VOCs,溶剂型涂料浸涂设施产生的苯、甲苯、二甲苯、VOCs,溶剂擦洗设施产生的 VOCs,喷涂设施产生的苯、甲苯、二甲苯、VOCs,流平(含热流平)设施产生的苯、甲苯、二甲苯、VOCs,电泳、腻子、密封胶烘干设施产生的 VOCs,溶剂型涂料浸涂、喷涂等烘干设施产生的苯、甲苯、二甲苯、VOCs,优先采用物料衡算法核算,其次采用实测法核算;废气及其他有组织污染物源强均采用实测法核算。对汽车制造业排污单位的自行监测技术指南及排污单位排污许可证等要求采用自动监测的污染物,仅可采用有效的自动监测数据进行核算;对汽车制造业排污单位的自行监测技术指南及排污单位排污许可证等未要求采用自动监测的污染物,可采用自动监测数据或手工监测数据。现有工程污染源未按照相关管理要求进行手工监测、未安装污染物自动监测设备或者自动监测设备不符合规定的,环境影响评价管理过程中,应依法整改到位后按照实测法核算;排污许可管理过程中,按照排污许可相关规定进行核算。

对于 VOCs 产生源项为有机溶剂使用类的生产过程产生的 VOCs 排

放,建议优先采用物料衡算法核算,其次考虑实测法进行核算。原因在于,一是受 VOCs 表征、采样监测分析方法的影响,VOCs 可采用总挥发性有机物(TVOC)、非甲烷总烃(NMHC)来表征,其中,非甲烷总烃以气袋法(HJ 732)采样、后续检测采用“气相色谱-氢火焰离子化检测器”(GC-FID)为主,检测结果为减法(非甲烷总烃=总烃-甲烷),其值大小主要取决于有机化合物在 FID 检测器上响应值的大小,烃类化合物在 FID 检测器上都会有响应,但对于含氧类 VOCs 而言,在 FID 检测器上响应偏低;TVOC以吸附管(HJ 734)采样为主,检测采用的是气相色谱-质谱法(GC-MS),检测结果为加法,即检测物质浓度的加和,准确度相对高,但操作复杂,且HJ 734 适用测定的 VOCs 有限(24 种)。实际上目前多以非甲烷总烃表征VOCs,采用气袋法采样、GC-FID 监测,该方法存在对行业部分 VOCs 不能响应或响应度偏低的问题,实测法计算结果普遍偏保守。二是在实际改扩建工程环境影响评价(以下简称“环评”)时,对于现有工程污染源,均会采用实测法(实际监测或引用有效监测数据),其目的一方面是为了证明排放口各污染物浓度达标,另一方面,通过实测排放浓度、烟气量计算出实际排放量,明确实际排放量是否满足环评量。受制于 VOCs 监测分析方法等,为保证现有工程和改扩建工程核算基准一致,在环评时对于 VOCs,实际上也是均采用物料衡算法计算出来的数据进行“三本账”的核算。三是目前上海、江苏、山东和浙江等地均印发了 VOCs 计算方法,均规定汽车制造业VOCs 排放量计算采用物料衡算法。

非正常工况时,有组织废气污染物源强优先采用实测法核算,其次采用类比法核算。对于同一企业有多个同类型有组织废气污染源的,可类比本企业同类型有组织废气污染源非正常排放的实测数据核算源强。

现有工程污染源各工序无组织废气源强,粘接固化设施产生的 VOCs,糊制、拉挤成型设施产生的 VOCs,电泳设施产生的 VOCs,溶剂型涂料浸涂设施产生的苯、甲苯、二甲苯、VOCs,溶剂擦洗设施产生的 VOCs,喷涂设施产生的苯、甲苯、二甲苯、VOCs,优先采用物料衡算法核算,其次采用类比法核算。其余均采用类比法核算。

推荐核算方法选取优先次序见表 4-9。

表 4-9　汽车制造业 VOCs 污染源源强核算方法选取优先次序

要素	工序	污染源	污染物/核算因子	核算方法及选取优先次序	
				新(改、扩)建工程污染源	现有工程污染源
有组织废气	机械加工	湿式机械加工及工件清洗设施	VOCs	1. 类比法 2. 产污系数法	实测法
	粉末冶金	淬火、浸油、熔渗处理设施	VOCs	1. 类比法 2. 产污系数法	实测法
	粘接	粘接固化设施	VOCs	物料衡算法	1. 物料衡算法 2. 实测法
	树脂纤维加工	注射、挤压、吹塑、搪塑、发泡等成型设施	VOCs	1. 产污系数法 2. 类比法	实测法
		糊制、拉挤成型设施	VOCs	物料衡算法	1. 物料衡算法 2. 实测法
	热处理	表面热处理淬火油槽设施	VOCs	1. 类比法 2. 产污系数法	实测法
	涂装	电泳设施	VOCs	物料衡算法	1. 物料衡算法 2. 实测法
		溶剂型涂料浸涂设施	VOCs、苯、甲苯、二甲苯	物料衡算法	1. 物料衡算法 2. 实测法
		溶剂擦洗设施	VOCs	物料衡算法	1. 物料衡算法 2. 实测法
		喷涂设施	VOCs、苯、甲苯、二甲苯	物料衡算法	1. 物料衡算法 2. 实测法
		流平(含热流平)设施	VOCs、苯、甲苯、二甲苯	物料衡算法	1. 物料衡算法 2. 实测法

要素	工序	污染源	污染物/核算因子	核算方法及选取优先次序	
				新（改、扩）建工程污染源	现有工程污染源
有组织废气	涂装	电泳、腻子、密封胶烘干设施	VOCs	物料衡算法	1. 物料衡算法 2. 实测法
		溶剂型涂料浸涂、喷涂等烘干设施	VOCs、苯、甲苯、二甲苯	物料衡算法	1. 物料衡算法 2. 实测法
		粉末喷涂后热固化设施	VOCs	1. 产污系数法 2. 类比法	实测法
	检测试验	汽油发动机和汽油整车检测试验设施	VOCs	类比法	实测法
		柴油（燃气）整车检测试验设施	VOCs	类比法	实测法
		柴油（燃气）发动机出厂检测和性能研发试验设施	VOCs	类比法	实测法
无组织废气	机械加工	湿式机械加工及工件清洗设施	VOCs	1. 类比法 2. 产污系数法	类比法
	粉末冶金	淬火、浸油、熔渗处理设施	VOCs	1. 类比法 2. 产污系数法	类比法
	粘接	粘接固化设施	VOCs	物料衡算法	1. 物料衡算法 2. 类比法
	树脂纤维加工	注射、挤压、吹塑、搪塑、发泡等成型设施	VOCs	1. 产污系数法 2. 类比法	类比法
		糊制、拉挤成型设施	VOCs	物料衡算法	1. 物料衡算法 2. 类比法

续　表

要素	工序	污染源	污染物/核算因子	核算方法及选取优先次序	
				新(改、扩)建工程污染源	现有工程污染源
无组织废气	热处理	表面热处理淬火油槽设施	VOCs	1. 类比法 2. 产污系数法	类比法
	涂装	电泳设施	VOCs	物料衡算法	1. 物料衡算法 2. 类比法
		溶剂型涂料浸涂设施	苯、甲苯、二甲苯、VOCs	物料衡算法	1. 物料衡算法 2. 类比法
		溶剂擦洗设施	VOCs	物料衡算法	1. 物料衡算法 2. 类比法
		喷涂设施	苯、甲苯、二甲苯、VOCs	物料衡算法	1. 物料衡算法 2. 类比法

注:1. 各污染源对应的 VOCs,参照 GB 37822 标准进行定义,具体以总挥发性有机物和(或)非甲烷总烃作为排气筒污染物控制项目,汽车工业大气污染物排放标准发布后,从其规定;地方排放标准有要求的,从其规定。

2. 现有工程污染源未按照相关管理要求进行手工监测、安装污染物自动监测设备或者自动监测设备不符合规定的,环境影响评价管理过程中,应依法整改到位后按照本表中方法核算;排污许可管理过程中,按照排污许可相关规定进行核算。

第5章 汽车制造业 VOCs 排放控制技术指南

汽车制造企业 VOCs 控制可通过源头替代、过程控制以及末端治理三个方面来实施。

5.1 源 头 替 代

源头替代指含 VOCs 的各类原辅材料(涂料、清洗剂和粘接剂)的替代。汽车制造企业使用的涂料、清洗剂和粘接剂中 VOCs 含量限值均应符合《车辆涂料中有害物质限量》(GB 24409—2020)、《低挥发性有机化合物含量涂料产品技术要求》(GB/T 38597—2020)、《清洗剂挥发性有机化合物含量限值》(GB 38508—2020)和《胶粘剂挥发性有机化合物限量》(GB 33372—2020)的要求,见表 5-1、表 5-2。

表 5-1 汽车制造业原辅材料 VOCs 限量值

原辅材料类别	主要产品类型		限量值/(g/L)
水性涂料	汽车原厂涂料(乘用车、载货汽车)	电泳底漆	≤250
		中涂	≤350
		底色漆	≤530
		本色面漆	≤420
	汽车原厂涂料[客车(机动车)]	电泳底漆	≤250
		其他底漆	≤420

续　表

原辅材料类别	主要产品类型		限量值/(g/L)
水性涂料	汽车原厂涂料〔客车（机动车）〕	中涂	≤300
		底色漆	≤420
		本色面漆	≤420
		清漆	≤420
溶剂型涂料	汽车原厂涂料（乘用车）	中涂	≤530
		底色漆	≤750
		本色面漆	≤550
		哑光清漆〔光泽（60°）≤60单位值〕	≤600
		单组分清漆	≤550
		双组分清漆	≤500
	载货汽车原厂涂料	单组分清漆	≤700
		双组分清漆	≤540
		中涂	≤500
		实色底色漆	≤680
		效应颜料高装饰底色漆	≤840
		效应颜料其他底色漆	≤750
		本色面漆	≤550
		清漆	≤500
	汽车原厂涂料〔客车（机动车）〕	底漆	≤540
		中涂	≤540

原辅材料类别	主要产品类型		限量值/(g/L)
溶剂型涂料	汽车原厂涂料 [客车(机动车)]	底色漆	≤770
		本色面漆	≤550
		清漆	≤480
水基清洗剂	—		≤50
半水基清洗剂	—		≤300
有机溶剂 清洗剂	—		≤900
水基型粘接剂	聚乙酸乙烯酯类		≤50
	橡胶类		≤50
	聚氨酯类		≤50
	醋酸乙烯-乙烯共聚乳液类		≤50
	丙烯酸酯类		≤50
	其他		≤50
本体性粘接剂	有机硅类		≤100
	MS 类		≤100
	聚氨酯类		≤50
	聚硫类		≤50
	丙烯酸酯类		≤200
	环氧树脂类		≤100
	α-氰基丙烯酸类		≤20
	热塑类		≤50
	其他		≤50

续　表

原辅材料类别	主要产品类型	限量值/（g/L）
溶剂型粘接剂	氯丁橡胶类	≤550
	苯乙烯-丁二烯-苯乙烯嵌段共聚物橡胶类	≤250
	聚氨酯类	≤510
	丙烯酸酯类	≤510
	减震用热硫化粘接剂	≤700
	其他	≤250

表 5-2　汽车制造业原辅材料低 VOCs 限量值

原辅材料类别	主要产品类型		限量值/（g/L）
水性涂料	汽车原厂涂料（乘用车、载货汽车）	电泳底漆	≤200
		中涂	≤300
		底色漆	≤420
		本色面漆	≤350
	汽车原厂涂料［客车（机动车）］	电泳底漆	≤200
		其他底漆	≤250
		中涂	≤250
		底色漆	≤380
		本色面漆	≤300
		清漆	≤300
水基清洗剂	—		≤50
半水基清洗剂	—		≤100

续　表

原辅材料类别	主要产品类型	限量值/(g/L)
水基型粘接剂	聚乙酸乙烯酯类	≤50
	橡胶类	≤50
	聚氨酯类	≤50
	醋酸乙烯-乙烯共聚乳液类	≤50
	丙烯酸酯类	≤50
	其他	≤50
本体性粘接剂	有机硅类	≤100
	MS 类	≤100
	聚氨酯类	≤50
	聚硫类	≤50
	丙烯酸酯类	≤200
	环氧树脂类	≤100
	α-氰基丙烯酸类	≤20
	热塑类	≤50
	其他	≤50

5.1.1　涂料替代

涂料替代主要采用粉末涂料、水性涂料和高固体分涂料等环保型涂料替代中低固体分含量的溶剂型涂料,从源头上减少物料中 VOCs 的输入,从而削减 VOCs 的排放量,见图 5-1。典型涂料施工固体分含量及施工 VOCs 含量分别见表 5-3、表 5-4。

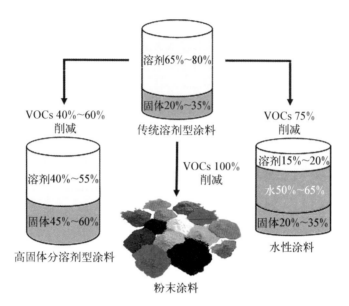

图 5-1 涂料替代 VOCs 削减效果

表 5-3 典型涂料施工固体分含量

喷涂工序	施工固体分含量/%						
	3C2B①			3C1B			B1B2
	中固	高固	水性	中固	高固	水性	水性
中涂	45~60	60~70	50~60	45~57	57~70	50~60	30~35
金属色漆	18~30	40~65	20~30	18~30	40~65	30~40	20~30
清漆	40~45	55~60	40~50	40~45	55~60	55~60	55~60

注：① 喷涂工序简称见第 5.2.2 节。

采用不同涂料的单位涂装面积 VOCs 排放量差别较大,见图 5-2。采用电泳底漆、水性中涂和水性色漆以及水性罩光涂料的涂装面积 VOCs 排放量远低于溶剂型涂料。采用不同类型涂料的汽车企业单位涂装面积 VOCs 排放量见表 5-5。因此引导企业使用水性、粉末等环保涂料,可以大量减少 VOCs 的排放。

表 5 - 4　典型涂料施工 VOCs 含量

喷涂工序	施工 VOCs 含量/%						
	3C2B			3C1B			B1B2
	中固	高固	水性	中固	高固	水性	水性
中涂	40~55	30~40	5~12	43~55	30~43	5~12	10~18
色漆	70~82	35~60	12~17	70~82	35~60	12~17	10~18
清漆	55~60	40~45	5~18	55~60	40~45	5~18	5~18

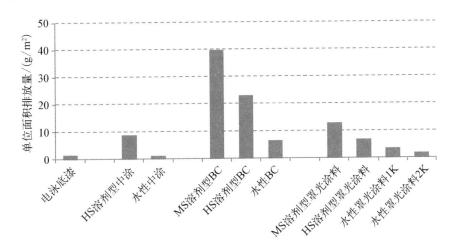

图 5 - 2　采用不同涂料的单位涂装面积 VOCs 排放量比较

表 5 - 5　采用不同类型涂料的汽车企业单位涂装面积 VOCs 排放量

中涂层自动静电喷涂	自动静电喷涂	面漆罩光清漆涂层配套体系	VOCs 排放量/（g/m²）
溶剂型中固体分	溶剂型低固体分	面漆底色漆	≥120
溶剂型中固体分	溶剂型中固体分	溶剂型双组分高固体分	76~90
水性中涂	水性金属底漆	溶剂型双组分高固体分	30
水性中涂	水性金属底漆	水性清漆	27
水性中涂	水性金属底漆	粉末清漆	≤20

　　以某乘用车制造企业为例,涂装生产由溶剂型涂料替换成水性涂料,工艺区别在于水性喷涂采用无中涂工艺,用水性色漆替代常规的中涂和色漆功能,既缩短了整个工艺流程,又大大减少了 VOCs 的排放。

　　替代前,中涂涂料组分见表 4-3,色漆组分见表 4-4,根据实测数据,中涂涂料 VOCs 的含量约为 32%,色漆 VOCs 的含量约为 70%。

　　替代后,水性色漆及色漆固化剂组分见表 5-6。

表 5-6　水性色漆及色漆固化剂组分

品　种	组　　分		
		名　　称	含量/%
水性色漆	有机溶剂	2-丁氧基乙醇	5
		石油精	1
		2-丙醇	1
		1-甲基-2-吡咯烷酮	1
		正丁醇	1
		四甲基癸二醇	1
	固体分含量	水性聚氨酯聚合物	40
	去离子水	—	50
色漆固化剂	有机溶剂	2-吡咯烷酮	19.9
		1,6-二异氰酰己烷	0.1
	固体分含量	己二异氰酸酯低聚物	80

　　即用状态下色漆各组分比例见表 5-7。

　　完成涂料替代前后开展 VOCs 排放监测,结果见表 5-8。采用水性涂料替代溶剂型涂料后,VOCs 排放浓度大幅降低。

表 5-7　即用状态下色漆各组分比例

涂料名称	成　分	质量分数/%	VOCs 含量/（g/L）
色漆+色漆固化剂	有机分	10.8	<108
	固体分	43.3	
	去离子水	45.9	

表 5-8　替代前后 VOCs 排放监测　　　（单位：mg/m³）

工　序	中　涂	色　漆
溶剂型涂料	44.1	271.5
水性涂料	58.39	

5.1.2　清洗剂替代

　　水性涂料工艺清洗阶段可使用低 VOCs 含量的水性清洗剂。水性清洗剂 VOCs 含量仅为 10%～20%，显著低于溶剂清洗剂接近 100% 的 VOCs 含量。

　　以生产速率为 30 辆/h 的乘用车生产线为例，喷涂过程中单车溶剂消耗总量为 2.28 kg，见表 5-9。如改用水性清洗剂，单车 VOCs 产量可降至 0.98～1.168 kg，清洗环节 VOCs 产生量可削减 49%～57%。

表 5-9　喷涂过程中溶剂型清洗剂消耗量

工序	机器人数量/台	旋杯清洗		换色清洗		单车溶剂消耗量/kg
		频次/（车/次）	溶剂消耗量/mL	频次/（车/次）	溶剂消耗量/mL	
中涂	10	1	20	5	200	0.6
面漆	14	1	20	5	200	0.84
清漆	14	1	20	5	200	0.84
合计	38	—	—	—	—	2.28

5.2 过 程 控 制

过程控制包括含 VOCs 物料储运过程控制和生产工艺控制。

5.2.1 物料储运

1. 储存

有机溶剂和涂料的存放采取密封存储和密闭存放,盛装 VOCs 物料的容器或包装袋在非取用状态时应加盖、封口,并保持密闭。厂区配套的储油库、加油站或油罐车应设置气相平衡系统或其他等效措施。VOCs 物料应储存于密闭的容器、包装袋中,在分装容器中的盛装量宜小于 80%。

储存含 VOCs 原辅材料的容器材质应结实耐用,无破损、无泄漏,封闭性良好。盛装 VOCs 物料的容器或包装袋应存放于室内,或存放于设置有遮雨、遮阳和防渗设施的专用场地,见图 5-3。盛装 VOCs 物料的容器或包装袋在非取用状态时,应加盖、封口,并保持密闭。

图 5-3 涂料储存间

图 5-4 管道输调漆系统

2. 调配与转运

含 VOCs 物料可以采用管道输调漆系统(图 5-4),减少 VOCs 的无组织排放。采用非管道输送方式转移含 VOCs 物料时,容器在运输和装卸期间应做密闭处理。

涂料调配过程应采用密闭设备或在密闭空间内操作,并安装废气收集设施。批量、连续生产的涂装生产线,应使用全密闭自动调配装置进行计量、搅拌和调配;间歇、小批量的涂装生产,应减少现场调配和待用时间。调漆应在密闭空间内进行,并采用排气柜、集气罩或其他存放的密闭措施收集调漆废气。

液态含 VOCs 物料应采用密闭管道输送。采用非管道输送方式转移液态 VOCs 物料时,应采用密闭容器;涂装工序的工艺设计应优化输调漆系统布置,尽可能减少输漆管数量和管路长度。

3. 危废管理

废涂料桶、废溶剂、废漆渣等危废在产生之后需要转运至专门的危废暂存库(图 5－5),回收、储存、转运过程中应做密闭处理。密闭处理包括分类收集,利用专用密封袋内转运,并在专用密封收集桶中储存;危废暂存库做好密闭措施;最终交予具有危废处理资质的单位处理。在转运过程中可能通过逸散及泄漏等过程产生无组织排放。

危废(除污泥外)暂存库外观

标志牌

危废暂存库内部

危废暂存库内部墙面

图 5－5　危废暂存库

危废暂存要求如下:

(1)采取室内储存方式,设置环境保护图形标志和警示标志。

（2）危废暂存库内四周设置积水边沟，防止泄漏液体外流；室内地面、裙角和积水边沟做耐腐蚀硬化处理，且表面无裂隙。

（3）危废分类、分区存放，放入收集容器中，各分区间留有搬运通道。

（4）建立档案制度，设专人对暂存的危废种类、数量、特性、包装容器类别、存放库位、存入日期、运出日期等详细记录在案并长期保存。

（5）暂存的危废定期外运至有资质的单位处理。

（6）加强对操作人员的培训，持证上岗，操作人员须熟悉危险化学品的操作程序和 MSDS。

（7）组织每日巡检，发现泄漏及时处置。

5.2.2　生产工艺控制

1. 涂装工艺

为了控制 VOCs 的排放，在传统涂装工艺的基础上逐步发展出一系列新型喷涂体系优化技术。通过喷涂涂料、喷涂技术和成膜工序的优化组合，可降低投入、节约能源、减少 VOCs 产生量并提高生产效率。各涂装工艺喷涂膜厚差异造成涂料使用量不同，降低膜厚既能减少 VOCs 的产生，又能节约材料成本。常见涂装工艺包括：

3C2B 工艺：中涂喷涂—中涂烘干—中涂打磨—底色漆喷涂—热流平—罩光漆喷涂—面漆烘干。3C2B 是应用最广泛也是最传统的喷涂工艺，其中 3C 指的是中涂、色漆和清漆三道喷涂工序，2B 指的是中涂和清漆两道烘干工序。

3C1B 工艺：中涂喷涂—热流平—底色漆喷涂—热流平—罩光漆喷涂—面漆烘干。3C1B 是在电泳漆涂层后以湿碰湿的方式喷涂中涂、金属色漆和罩光清漆，并一次性烘干的工艺。

紧凑型 3C1B 工艺［WWS，中涂漆、色漆、套色漆、清漆所用涂料类型通常有 S（溶剂型涂料）、W（水性涂料）、H（高固体分涂料）］：水性色漆 1（BC1）喷涂—水性色漆 2（BC2）喷涂—闪干流平—罩光漆喷涂—面漆烘干，其中 BC1 兼有中涂及面漆功能，经短时间流平后湿碰湿喷涂 BC2，之后进行热流平及罩光漆喷涂，相对 3C1B 工艺减少了中涂热流平工序。

B1B2 工艺：在电泳漆膜上直接喷涂面漆，省去中涂工序。

3C1B 工艺的膜厚比 3C2B 工艺的降低了 10%～15%，B1B2 工艺的膜厚比 3C2B 工艺的降低了 15%～20%，膜厚的减少主要来自中涂层和面漆层，见表 5-10。

表 5-10　不同工艺膜厚对比表

涂装工艺	典型膜厚/μm			
	电泳层	中涂层	面漆层	清漆层
3C2B	20	35	20	50
3C1B	20	25	15	50
B1B2	20	20	8	50

（1）新建乘用车涂装生产线应采用水性中涂漆、水性色漆或高固体分溶剂型色漆、高固体分溶剂型清漆的喷涂体系，包括紧凑型 3C1B（WWS）、3C1B（WWS）、3C1B（HHH）（表示高固体分溶剂型中涂漆喷涂、中涂流平、高固体分色漆喷涂、色漆流平、高固体分清漆喷涂和烘干）、3C2B（WWS）等。现有乘用车涂装生产线改造应采用 3C1B（HHH）、3C2B（SWS）（溶剂-水性-溶剂）喷涂体系。

（2）新建载货汽车或载货汽车驾驶室涂装应采用紧凑型 3C1B（WWS）、3C1B（WWS）、3C1B（HHH）、3C2B（WWS）、2C1B（WS）（表示水性中涂漆喷涂、中涂热流平、溶剂型本色面漆喷涂和烘干）等喷涂体系。现有载货汽车及其驾驶室涂装生产线改造应采用 3C1B（HHH）、3C2B（SWS）、2C1B（HS）、1C1B（S）、1C1B（W）等喷涂体系。2C1B、1C1B 一般在 3C2B、3C1B 生产线进行生产，但根据产品要求仅采用了部分工序。

（3）新建客车涂装生产线应采用中涂漆和色漆为水性涂料或高固体分涂料的 mCnB（表示多涂层多烘干喷涂体系）喷涂体系，主要包括 mCnB（WSSS）、mCnB（WWSS）、mCnB（HHHH），套色漆可能存在多次喷涂和烘干。

2. 高效喷涂

不同喷涂方式的涂料利用率不同,也会影响 VOCs 的初始产生量。喷涂方式包括人工喷涂及自动喷涂。其中自动喷涂技术适用于连续自动化生产的汽车整车和车身零部件的涂装工序,也适用于汽车整车和车身零部件的涂胶工序。该技术利用电机或机械设备控制喷枪进行自动喷涂。汽车企业常用的自动喷涂设备主要包括喷涂机器人和往复式喷涂机等。该技术通过提高涂料利用率,减少涂料用量和 VOCs 产生总量。与人工喷涂相比,自动喷涂速率稳定,涂层均匀,与集中输漆工艺联合使用,可减少废涂料的产生量。

自动喷涂设备中的喷涂机器人(图 5-6)因更加精准和智能化控制得到广泛的应用,喷涂过程包括自动换色、自动清洗、吹扫、填充。每涂完一辆车都需用清洗剂和压缩空气对旋杯进行清洗,然后用色漆填充,且喷涂完一定数量车体后都需对换色模块结构(图 5-7)中的换色阀公共通道和涂料管道进行清洗和填充,以免残留涂料固化堵塞管道和旋杯喷口。

图 5-6　喷涂机器人

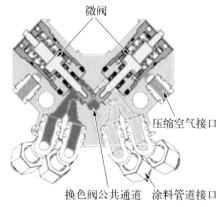

微阀

压缩空气接口

换色阀公共通道　涂料管道接口

图 5-7　换色模块结构

喷涂技术包括阴极电泳浸涂、空气喷涂、静电喷涂、高速旋杯式静电喷涂、无气喷涂和无过喷喷涂等。

(1)阴极电泳浸涂是一种特殊的涂膜形成方法,以被涂物为阴极,所采用的电泳涂料是阳离子型(带正电荷)的。具体地,阴极电泳浸涂是将具有电导性的被涂物浸在装满用水稀释的、浓度比较低的电泳涂料槽中作为阴极,在槽中另设置与其相对应的阳极,在两极间通直流电,依靠电场力的作用,使槽液中带正电荷的涂料颗粒在被涂物上析出均一、不溶于水的涂膜的一种涂装技术。原理见图 1 - 9。阴极电泳技术适用于年生产量为 5 000 台以上、结构复杂的车身焊接类零部件、车架铆焊类部件的底漆施工。该技术 VOCs 产生量小,生产效率高,施工状态电泳槽液 VOCs 质量占比一般小于 2%,涂料附着率一般为 97% ~ 99%。

（2）空气喷涂是使用高压压缩空气从涂料桶中抽出涂料,并在涂料从喷枪尖端排出时雾化涂料,空气和雾化涂料的混合物将涂层沉积在被涂物表面上的一种涂装技术,见图 5 - 8。空气角度决定了喷雾射流的形状（圆形、扁平状）,使喷雾射流形状适应目标表面,减少过喷。产生的液滴越细,空气就越多。施加压力（空气

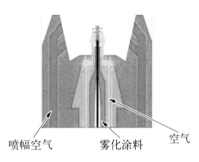

喷幅空气　　雾化涂料　　空气

图 5 - 8　空气喷涂示意图

量、雾化空气与喷漆之间的相对速率）对漆膜的铺展有积极的影响。由于所使用的空气压力很高,大多数涂层不会落在被涂部件上,而是作为过喷从部件上带走并浪费掉。到达部件的涂料固体部分称为转移效率,并且,与其他方法相比,常规空气喷涂具有相对低的转移效率。降低空气压力[低压法、混合空气、高流量低压力（HVLP）]有助于减少过喷损失。但低压方法会导致涂料涂布质量的损失,出现橙皮效应,或导致金属效果的损失。HVLP 系统使用较低的空气压力（在喷雾帽处通常不超过 10 psi①）,并且比传统的空气雾化喷雾系统具有更大的体积。

（3）静电喷涂是传统的喷涂技术,涂料利用率较低,它通过对液滴施加高压和电荷,静电可使气动雾化的效果加强。静电喷涂技术以接地的被涂物为正极,以涂料雾化装置为负极,并通过加电装置使雾化的涂料粒子带上电荷,在两极之间形成电场,使涂料有效地吸附于被涂物的表面,见图 5 - 9。静电喷涂技术适用于各种汽车产品及零部件水性涂料、溶剂型涂料和粉末

_____

①　1 psi（磅力/平方英寸）= 6.89 kPa（千帕）。

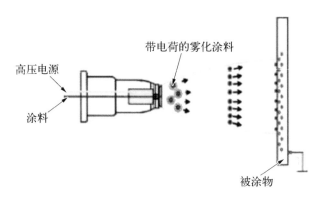

图 5-9　静电喷涂示意图

涂料的喷涂,特别是外表面的喷涂。在表面涂覆操作中,粉末涂料几乎仅通过静电喷涂施加。若使用粉末回收系统,则过量喷涂的粉末可被回收并再循环。该技术通常与自动喷涂技术联合使用。联用后可使液体涂料利用率达到50%~85%;对于粉末涂料,联合涂料回收利用可使涂料利用率达到98%以上。与单一的静电喷涂相比,联用后产生的残留物更少,喷涂室污染更少,因此需要的清洗剂更少。

（4）高速旋杯式静电喷涂示意图如图5-10所示,其工作原理是将车身接地作为阳极,静电喷枪（旋杯）接负高压电作为阴极,旋杯采用空气透平驱动,空载时转速可达6 000 r/min,带负荷工作时转速可达3 000~4 000 r/min。

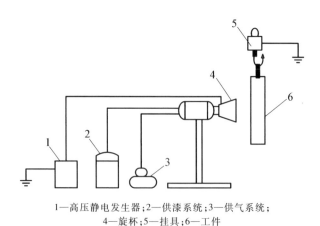

1—高压静电发生器;2—供漆系统;3—供气系统;
4—旋杯;5—挂具;6—工件

图 5-10　高速旋杯式静电喷涂示意图

当涂料被送到高速旋转的旋杯上时,由于旋杯的离心作用,涂料在旋杯内面伸展成为薄膜,并获得巨大的加速度向旋杯边缘运动,在离心力及强电场的双重作用下破碎为极细的带电荷的雾滴,向极性相反的被涂工件运动,沉积于被涂工件表面,形成均匀的涂膜。

(5) 无气喷涂(图 5-11)是通过泵在高压(1 000~6 000 psi)下迫使涂层通过雾化喷嘴,形成雾化气流作用于物体表面的一种涂装技术。无气喷涂涂装效率高,可比空气喷涂涂装效率高 3 倍,适宜喷涂大型工件和大面积工件。无气喷涂可获得较厚的涂膜,可减少喷涂次数、提高涂装效率。无气喷涂的漆雾中不含压缩空气,避免了压缩空气中的水、油、灰尘进入涂膜,提高了涂膜的质量。无气喷涂不采用空气雾化,漆雾飞溅少,涂料中不需要加稀释剂或只加极少量稀释剂,大大减少了 VOCs 的排放。但无气喷涂不适用于喷涂小型工件,因为喷涂小型工件时漆雾的飞逸和无效喷涂造成涂料的损耗远远大于空气喷涂。无气喷涂枪不能调节涂料喷出量和喷幅宽度,只有更换喷嘴才能实现调节,给喷涂作业带来一定的困难。与空气喷涂相比,无气喷涂的设备投资较大。

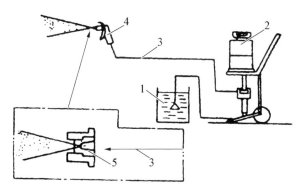

1—涂料容器;2—高压泵;3—高压涂料输送管;4—喷枪;5—喷嘴

图 5-11　无气喷涂示意图

(6) 无过喷喷涂(图 5-12)是用于双色及多色车型涂装的喷涂技术。喷涂器装置底侧配备有一个喷嘴板,板上有几十个几乎不可见的孔,通过这些孔进行近距离平行喷涂。配备传感器的测量系统测量选定的表面,并将该数据发送到控制软件。软件不断准确计算喷涂装置的移动路线和涂料喷

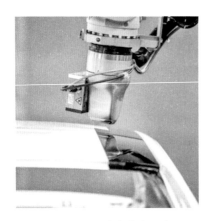

图 5 - 12　无过喷喷涂示意图

涂量。该技术可以实现精确喷涂,不会出现过喷现象,实现 100% 的上漆率,也无须遮蔽。与传统套色线相比,这项技术将大大节约运行成本,包括工艺能耗、人力、材料成本等。

3. 溶剂回收

喷漆机器人一般都配有溶剂回收系统,分为水性和溶剂型。每台喷涂机器人配备废溶剂回收漏斗,每个人工工位配备清洗盒,用于收集来自机器人和人工产生的废溶剂。对于 2K 涂料的废溶剂回收,漏斗还需设反冲洗接口。

在现场对应的喷漆室下面设置废溶剂回收罐(图 5 - 13),手工喷涂洗枪盒和漏斗中的废溶剂通过专用管路,在重力作用下自动流到废溶剂回收罐。回收管路要求每米有 20 mm 的落差。整个管路要求是一个连续运行的环路循环系统,见图 5 - 14。一般通过气动隔膜泵来实现,连续冲洗管路用以减少材料沉积。由于溶剂中 VOCs 含量较高,溶剂回收系统的使用能够显著降低 VOCs 的排放。

图 5 - 13　废溶剂回收罐

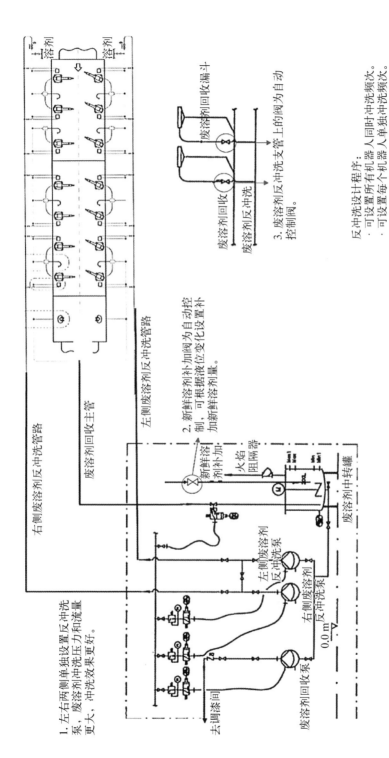

图 5-14　废溶剂回收管路示意图

4. 快速换色系统

涂装作业涉及的色彩复杂,集中供漆系统清洗时间长、使用溶剂量大,且不生产时管道内涂料也会继续搅拌循环,增加了涂料消耗与能耗。采用适用于小颜色的走珠快速换色系统可以提高涂料回收率,减少单次清洗溶剂消耗量,能够显著降低 VOCs 的产生,其原理及装置见图 5-15。

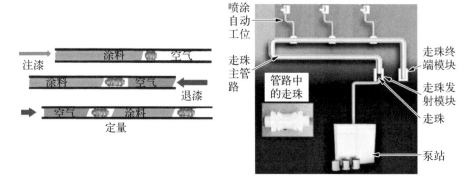

图 5-15 走珠快速换色原理及装置图

走珠快速换色系统的工作过程如下:

(1)当有注漆需求时,将装有相应涂料的桶放入泵站涂料桶位置,通过控制按钮操作桶盖举升装置落下。开启搅拌器并调整至相应转速。

(2)通过操控面板按下注漆按钮,涂料将推动走珠向接收站运动,同时推出管内空气,使涂料填满整个管路。

(3)加漆时间取决于整个系统管路长度、涂料黏度、发射压力等。

(4)可编程逻辑控制器(PLC)自动控制由支路分配器注漆至每个工位,此时整个供漆系统注漆过程结束,涂料为待使用状态。

(5)喷涂结束后,通过操作面板按下退漆按钮进行管路的退漆。此时走珠将会被接收站的压缩空气推动,进而由走珠将整个系统主管路的涂料推回至涂料桶内。注漆后空闲状态超过一定时间后也可以自动提示退漆。

(6)退漆结束后,关闭搅拌器,通过控制按钮操作桶盖举升装置将桶盖落入溶剂桶内,将搅拌器调整至合适转速后,通过操作面板按下清洗按钮。此时系统进行自动清洗,根据整个系统容积以及涂料黏度、密度、单色或金属漆等性质的不同,整个清洗时间在 10~15 min。

（7）清洗结束后,系统为待机状态。

5. 生产技术优化

涂装过程中,可通过同色涂装、优化清洗程序等精益管理技术来降低 VOCs 的产生与排放。同色车型集中喷涂技术可通过在面漆线前设编组站,减少换色次数,从而降低换色清洗溶剂的使用量及漆料的浪费量。以 3C2B（WWS）涂装线为例,该涂装线面漆常规颜色有 11 种、清漆常规颜色有 6 种,同色喷涂后单车水性废溶剂及油性废溶剂可分别减少 0.15 kg 和 0.13 kg。

清洗溶剂对不同颜色溶解力不同,可根据涂料颜色差异化设置清洗间隔,见表 5-11。以 3C2B（WWS）涂装线为例,该生产线优化清洗间隔后水性废溶剂及油性废溶剂可分别减少 0.5 kg 和 0.48 kg。

表 5-11　不同颜色涂料清洗间隔　　　　（单位：min）

涂　　料	优化前清洗间隔	优化后清洗间隔
银色漆	1	1
红、蓝、绿漆	1	3
灰棕漆	1	2
清漆	2	4

6. 无组织控制技术

喷涂、流平、烘干等涂料的使用过程中,对操作空间进行密闭处理,通过喷漆室配置供/排风系统将生产过程中产生的废气负压收集并集中处理,收集效率可达 95%。车间无法密闭时,采用集气罩等局部气体收集措施,对单个设备、工艺环节的含 VOCs 废气进行收集。

喷漆室配置供/排风系统可将喷涂作业过程中产生的过喷漆雾和涂料挥发成分带走,保证涂膜质量,同时可以防止喷漆作业区内 VOCs 浓度超标,避免产生涂装作业消防安全问题,并保证喷漆作业者的健康。由于喷漆对所送空气要求保持在一定的温度和湿度范围内,而室外的空气随着季节、气候、地域的不同,空气的温度和湿度不仅与工艺要求相差甚大,而且状态波动也很大,所以要对空气进行温度和湿度的调节,这个过程需要消耗较多能量。

喷涂室工作环境的空气要求与高洁净度场所的要求基本一样,要求供应给喷漆室的空气是无尘的清洁空气,空气的温度、湿度和清洁度是控制要素。

洁净度要求:空气中的尘埃和颗粒物如果附着在被涂物上,就会造成涂膜弊病等质量问题。一般涂装要求空气中的颗粒物数量小于 600 个/cm^3、粒径小于 10 μm;装饰性涂装要求空气中的颗粒物数量小于 300 个/cm^3、粒径小于 5 μm。通过喷漆室送风空调机组中的 2~3 级过滤可以控制空气的洁净度。

温度要求:空气的温度影响涂料中溶剂的挥发速率,进而影响涂膜的质量。供给喷漆室系统的空气温度工艺范围为 20~25℃。

湿度要求:空气的湿度也是影响涂料挥发速率的重要因素,尤其对于水性涂料涂装体系而言,涂料中的主要溶剂是水,空气中的含水量更是直接影响涂料中溶剂水的挥发速率,从而影响涂膜的质量。水性涂料涂装体系要求供给喷漆室系统的空气相对湿度工艺范围为 60%~70%。

(1)传统喷漆室供/排风系统

喷漆室送风空调直接从室外吸取新风,经各空调机组通过表冷器、蒸汽加热器、喷淋加湿器等处理后,送至喷漆室,再经过循环水系统直接由排气筒排至大气。为确保喷漆作业区的防火和卫生安全要求以及空气流的洁净度,传统的喷漆室供/排风一般采用直送直排型的全新风,所排出的空气不循环利用,如图 5-16 所示。

(2)新型的喷漆室供/排风系统

新建涂装生产线引入排风循环利用技术,不仅新型干式喷漆室大都采用循环风模式(图 5-17),新建的湿式喷漆室也大都采用了新型的喷漆室供/排风系统;引进了循环风技术,通常的做法是将人工作业区和流平补漆区所排出的空气经过处理再次送至外喷机器人喷漆段,以减少系统的新鲜空气需求量。

较大的喷漆室一般均采用独立的空调供风系统,主要由供风机、过滤器和调温调湿装置等构成。供风系统将经过调温调湿的清洁空气直接送往喷漆室、擦净室和流平段的顶部。空调供风机组的工作流程见图 5-18。

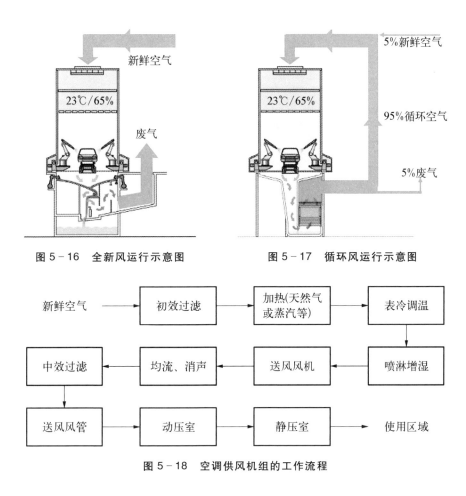

图 5-16　全新风运行示意图　　　　图 5-17　循环风运行示意图

图 5-18　空调供风机组的工作流程

排风系统将由车间上部送入的空气,带着过喷产生的漆雾,经过漆雾捕捉装置,由排风风机引至排气筒内,最后经过 VOCs 处理装置处理后,高空排至大气。

5.3　末　端　治　理

根据《上海市工业固定源挥发性有机物治理技术指引》,VOCs 末端治理技术主要分为回收技术及销毁技术,回收技术包含冷凝和吸附,销毁技术包含光催化氧化、等离子氧化、吸收、膜分离、生物分解、燃烧、静电、化学氧化等,见图 5-19。根据汽车制造业 VOCs 排放特征进行分析,喷涂段含

VOCs 废气风量大、浓度低主要适用沸石转轮+热氧化或催化氧化技术。烘干段含 VOCs 废气浓度较高、风量较小,主要采取热氧化或催化氧化技术。

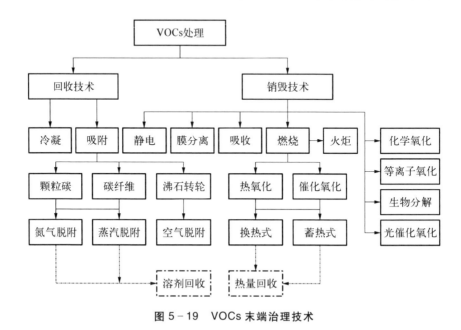

图 5-19 VOCs 末端治理技术

5.3.1 回收技术

1. 冷凝回收

冷凝法是利用气体组分的冷凝温度不同,将易凝结的 VOCs 组分通过降温或加压凝结成液体而得以分离的方法,其原理见图 5-20。其技术关键

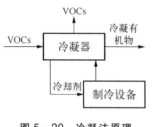

图 5-20 冷凝法原理

为冷凝温度和压缩压力,适用于高浓度废气,主要用于溶剂的回收。

2. 吸附回收

吸附法是利用多孔固体吸附剂具有很多微孔及很大比表面积的特性,依靠分子引力和毛细管作用将气体混合物中一种或多种组分积聚或凝聚在吸附剂表面,达到分离目的的方法。其技术关键是吸附温度或压力、过滤风速和穿透周期,适用于低浓度废气,主要用于热量或溶剂的浓缩回收。

常见吸附剂有活性炭、活性炭纤维和沸石转轮。对低浓度、大风量或间歇作业产生的废气采用活性炭吸附法有其独特优势,活性炭吸附装置具有处理风量较大、操作管理简单安全的特点,多用于汽车涂装后点补废气的治理。吸附剂的有效性主要取决于吸附 VOCs 的表面积,一般来说表面积越大,吸附能力越大。吸附剂的吸附能力用吸附容量来表征,是重要的技术性能参数之一。活性炭吸附 VOCs 的饱和吸附容量约为 20%~40%,用于吸附装置中活性炭的实际有效吸附量约为饱和容量的 40% 以下。

吸附容量主要影响因素有:

(1)温度:通常适宜的吸附温度不高于 40℃。

(2)压力:压力高时,有利于吸附的进行。

(3)浓度:浓度高时,VOCs 容易被吸附。

(4)相对分子质量:当相对分子质量较小时,通常不容易吸附;但当相对分子质量大于 200 时,不容易脱附。

(5)化学活性:有些 VOCs 分子会与活性炭表面发生反应,如有机酸、醛,以及部分酮和某些单体;而酮类、酯类或卤素等作为溶剂时,易氧化分解或水解,产生腐蚀。

(6)湿度:气体中水分子会与 VOCs 分子竞争吸附,特别是当相对湿度大于 50% 时。

(7)颗粒物:液状和颗粒态的污染物会积聚在吸附剂表面,造成吸附失效以及流阻大幅增加。

1)颗粒活性炭吸附装置

(1)更换式颗粒活性炭吸附装置。更换式颗粒活性炭吸附装置在活性炭吸附饱和后,需将炭床内失效活性炭全部重新更换。由于更换活性炭的成本较高,通常将这种装置用于去除气味和 VOCs 浓度较低($<40~50~mg/m^3$)的场合。一般认为当活性炭更换周期达 6 个月至 1 年时,更换式颗粒活性炭吸附装置才具有经济可行性。

在工程应用中,活性炭床空塔速率设计为 0.1~0.3 m/s,活性炭的吸附容量为碳装填量的 10% 以下,受实际应用条件和要求影响,两者会有很大的变化,通常需要参照同类工程经验或通过试验确定。

更换下来的失效活性炭应合规处置。

（2）再生式固定床颗粒活性炭吸附装置。再生式固定床颗粒活性炭吸附装置是实际应用中较为有效的 VOCs 治理装置。装置中至少有两个床体装填活性炭，其中一个可以离线脱附再生，而其余吸附床可以连续吸附，见图 5-21。

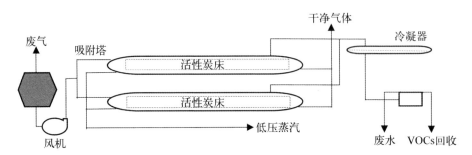

图 5-21　再生式固定床颗粒活性炭吸附装置

吸附塔的炭床厚度一般为 450~1 200 mm，空塔风速通常取 0.1~0.5 m/s，流程阻力损失约为 750~3 750 Pa。

确定炭床离线脱附再生时间有两种办法。其中最有效的办法是在炭床出口处设置 VOCs 浓度检测仪，根据实测浓度确定脱附再生时间；另一种办法是根据活性炭供货商提供的穿透曲线和 VOCs 产生量估算吸附周期，定时离线脱附再生。吸附周期也可以利用便携式 VOCs 检测仪通过现场检测穿透时间来确定。但当气体流量和浓度不是均匀稳定的情况下，这种办法无实用意义。

常用的脱附再生工艺是热吹扫。若吹扫流体是蒸汽，则再生凝结液是液态溶剂和水的混合物。

脱附再生开始后，蒸汽逆向（与吸附反向）送入炭床，待炭床和床体受热升温后，蒸汽将 VOCs 从活性炭中脱出并携带至冷凝器。冷凝液进入重力分离器，溶剂于水中分离得以回收，不凝性气体返回吸附床。但与溶剂分离后的水会成为二次污染源。

常用脱附温度为 110℃ 以上，脱附时间约 30~60 min，蒸汽用量可按 0.25~0.35 kg/kg 活性炭来估算。

脱附完成后，需要引入处理后的干净气体对炭床进行冷却和干燥。整个脱附再生过程需 1~1.5 h。

　　脱附热吹扫也可以采用热气体,如氮气。脱附过程与蒸汽脱附相似,由于无须干燥,所以整个脱附周期需 45~60 min。

　　与传统的蒸汽脱附不同,由于采用氮气作为传热和脱附的介质,所以回收的溶剂液体中水的含量很低,对于水溶性较大的溶剂的回收更具优势。同时,由于不像传统的蒸汽再生系统那样需要较大的蒸汽量作为动力输送蒸汽,并且蒸汽不会在后续的冷凝器中被冷凝而消耗,系统的总体能耗相对较低。另外,由于采用热气体脱附回收,对于一些在通常操作条件下易水解、蒸汽脱附较困难的组分和沸点较高的组分也有良好的脱附回收效果。

　　2) 蜂窝活性炭吸附装置

　　蜂窝活性炭参照蜂窝陶瓷体制作方式,将粉末活性炭与无机化合物和粘接剂混合制成蜂窝状方孔的新型过滤材料。其最大的特点是利用蜂窝体直通通道,将吸附床空塔速率提高到 0.8~1.2 m/s,流程阻力下降至 800~1 200 Pa。

　　含有 VOCs 气体流经装填有活性炭的吸附床,VOCs 吸附于活性炭上,干净空气排出;蜂窝活性炭吸附饱和后,将热空气送入吸附床对活性炭进行脱附再生;脱附产生的高浓度 VOCs 气体进入催化氧化床氧化分解,干净的热空气用于活性炭脱附再生,见图 5-22。

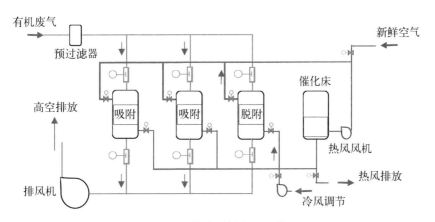

图 5-22　蜂窝活性炭吸附装置

　　蜂窝活性炭吸附净化装置具有低能耗——直通式流道,空气阻力小;低成本——吸附材料国内自主生产;易维护——无复杂、精密的机械运转部件,运行维护简单方便等特点。

3）活性炭纤维吸附装置

活性炭纤维是性能优于颗粒活性炭的高效活性吸附材料。它由纤维状前驱体(纤维素基、PAN 基、酚醛基、沥青基等)经一定的程序炭化活化而成。

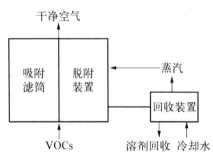

图 5 - 23　活性炭纤维吸附装置

目前常见的活性炭纤维吸附装置采用炭纤维毡制成吸附滤筒,并组成吸附装置,脱附再生采用蒸汽完成,大多用于溶剂蒸气的回收,见图 5 - 23。

活性炭纤维吸附装置与颗粒活性炭吸附装置相比,通过降低吸附、解吸的热分解,提高回收溶剂的品质;一些颗粒活性炭不能有效吸附的物质,活性炭纤维可有效吸附。

4）沸石转轮吸附装置

沸石也是应用较多的吸附剂。通过使用不同孔径的疏水性沸石混合物,可以使相应分子大小的 VOCs 得到有效吸附。

沸石起着分子筛的作用,当含有 VOCs 分子的空气流过沸石时,捕获那些可以被吸附的 VOCs 分子,而那些大分子物质则直接流过。VOCs 分子受到一个较弱的吸引力滞留在沸石的孔隙中,如果受到外界能量(如热能)影响,VOCs 分子就会脱出。

沸石转轮吸附装置中核心部件是沸石转轮,其是由沸石、粘接剂、助剂等材料烧结而成的一种蜂窝状圆盘形吸附部件,转轮分为三个操作区间,即吸附区、脱附再生区及冷却区,见图 5 - 24。

VOCs 气体进入沸石转轮的吸附区,VOCs 组分被吸附后,成为净化气体排放。当吸附区接近饱和时,即旋转至脱附再生区,以高温(180 ~ 220℃)空气,进行脱附再生,形成 VOCs 浓缩气体,并将高浓度气体送至氧化炉燃烧分解;经脱附再生处理后的转轮再旋转至冷却区降温后,继续进行吸附处理。沸石转轮的转速一般为每分钟数转,脱附风量为吸附风量的 5% ~ 10%。

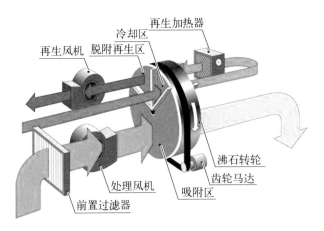

图 5-24　沸石转轮吸附装置

沸石转轮吸附装置连续操作,稳定运行。VOCs 燃烧分解产生的热量回收利用,能源节省,高浓度 VOCs 气体也可以通过冷凝回收溶剂。

影响沸石转轮吸附装置使用效果的主要因素有:转轮转速、浓缩倍率、脱附温度、气体组分、气体浓度、温度与湿度。

5.3.2　销毁技术

1. 光催化氧化

光催化氧化是利用光催化剂(如 TiO_2),在光的作用下进行的化学反应。其原理是分子吸收特定波长的电磁辐射后,达到激发态,然后发生化学反应,产生新的物质或成为热反应的引发剂。TiO_2 作为一种半导体材料,其自身的光电特性决定了它可以用作光催化剂。半导体的能带结构通常是一个电子填充低能量价带和一个空的高能量的导带,导带和价带之间的区域称为禁带。当照射半导体的光能量等于或大于禁带宽度时,其价带电子被激发,跨过禁带进入导带,并在价带中产生相应空穴。电子从价带激发到导带,激发后分离的电子和空穴都有一部分进行进一步反应。光催化氧化示意见图 5-25。光催化法主要用于特定的 VOCs 废气浓度低,但臭气浓度较高的场所。

2. 等离子氧化

等离子氧化是利用外加电压产生高能等离子体,去激活、电离、裂解

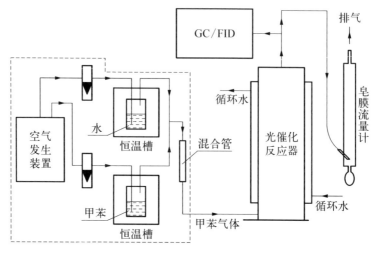

图 5-25 光催化氧化示意图

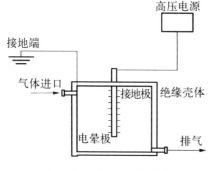

图 5-26 等离子氧化示意图

VOCs 组分,使之发生分解、氧化等一系列复杂的化学反应的一种销毁技术,见图 5-26。等离子法降解 VOCs 除了和电极电压有密切关系外,其还受反应器结构、反应背景气氛、VOCs 废气中含水量、放电频率、放电电压、VOCs 的化学结构、催化剂种类、等离子体放电形式、反应温度以及 VOCs 的初始浓度等的影响,其中以气体浓度和气流量的影响为主。等离子氧化法可以高效、便捷地对多种污染物进行破坏分解,使用的设备简单,占用的空间较小,并适合于多种工作环境。等离子氧化法主要用于特定的 VOCs 废气浓度低,但臭气浓度较高的场所。

3. 吸收

吸收是利用 VOCs 各组分在选定的吸收剂中溶解度不同,或者其中一种或多种组分与吸收剂中的活性组分发生化学反应,达到分离和净化的目的的方法,见图 5-27。吸收法适用于低、中浓度废气,合成革 DMF 溶剂回收应用较多。

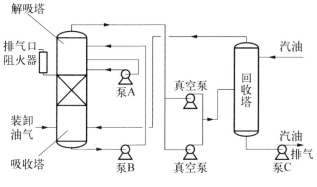

图 5-27　吸收示意图

4. 膜分离

膜分离是利用固体膜作为一种渗透介质,通过溶解-扩散机理来实现分离的方法。气体分子与膜接触后,在膜的表面溶解,进而在膜两侧表面就会产生一个浓度梯度,因为不同气体分子通过致密膜的溶解扩散速率有所不同,使得气体分子由膜内向膜另一侧扩散,最后从膜的另一侧表面解吸,最终达到分离目的,见图 5-28。支撑层的材质对渗透速率和烃类 VOCs 回收率产生重要影响,对于同一种材质的支撑层,渗透速率和烃类 VOCs 回收率随孔径的减小而增大,但在孔径减小到某一临界值后,随孔径的继续减小,渗透速率和烃类 VOCs 回收率将减小。膜分离适用于高浓度废气,储运油气回收应用较多。

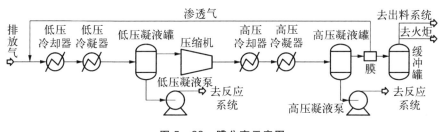

图 5-28　膜分离示意图

5. 生物分解

生物分解是微生物以 VOCs 作为代谢底物,使其降解,转化为无害的、简单的物质(水、二氧化碳及其他无机盐类)的方法,主要用于处理 VOCs 废气浓度较低,但臭气浓度较高的场所,见图 5-29。生物分解适用于由碳氢氧组成的各类有机物、简单有机硫化物、有机氮化物等的废气。

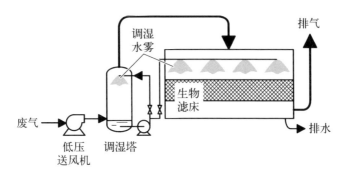

图 5-29 生物分解示意图

6. 燃烧

燃烧法是在高温下同时供给足够的氧气,将 VOCs 气体完全分解为二氧化碳和水等无机物的方法。其技术关键是燃烧温度和停留时间,适用于废气浓度小于爆炸下限 50% 或 25% 的场所,主要用于热量回收。燃料消耗量大,操作成本及技术要求高。

为达到 VOCs 完全燃烧分解的目的,必须具备下列条件:

(1) 空气条件:物质燃烧必须供应足够的空气量(或氧量)才可使氧化反应完成。

(2) 温度条件:通常燃烧最低温度需达 700℃,大多数热氧化的操作温度在 700~900℃。

(3) 时间条件:实际应用中需要 2 s 左右的停留时间。

(4) 混合条件:燃料与空气中的氧充分混合,这也是有效燃烧的必要条件之一。混合程度取决于气流的紊流强度。

常见燃烧装置有以下几种。

1) 直燃式热力焚烧设备(TO)

装置有内置换热器,运行温度为 700~800℃,运行时废气从内置换热器外部入口位置进入预热,在燃烧室确保 VOCs 充分氧化后,再经内置换热器内部降温后排放,见图 5-30。

根据不同的工况可以安装两级或一级热回收单元,同时在旁路(或后

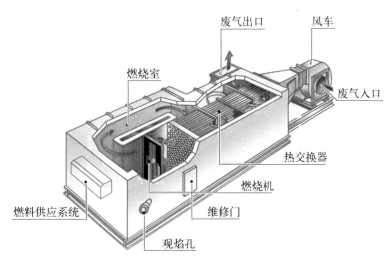

图 5-30　直燃式热力焚烧设备

端）可安装导热油加热器、热水加热器、新鲜风加热器等。对较高浓度的废气，可在后端安装余热蒸汽锅炉。TO 适用于小气量高浓度废气。在 TO 应用中，废气中的颗粒物浓度必须尽可能地小。因为颗粒物会污染换热管内壁，降低换热效率，增加阻力。所以有些换热器配备清灰孔或检修门，用于定期清除管内积灰。废气中颗粒物还会涉及安全性问题，粉尘燃烧有爆炸可能，危险性较高。

　　TO 的特点为排气温度较高，可利用余热资源较丰富，适合涂布线烘干炉、涂装线烘干炉的废气处理和余热利用。

　　2）蓄热燃烧设备（RTO）

　　蓄热燃烧设备的特点是换热器采用陶瓷蓄热床，气体氧化分解后将自身携带的大量热量传递并储蓄在蓄热床中，然后让进入氧化器的气体在蓄热床中进行换热并获得能量。RTO 的热回收效率比 TO 高得多，可达 95%。

　　RTO 通常至少有三个蓄热床，其中一个用于预热进气，一个用于蓄热降温排气，还有一个用于吹扫循环，吹扫循环可避免蓄热床换向时产生冲击排放。如果采用两床 RTO，在蓄热床换向时，会出现污染物未经有效处理直接排放的现象。这时可采用 VOCs 捕获器，即在 RTO 排放管道中设置一个活性炭床，将换向时产生的未经处理气体暂存在炭床内，然后通过切换阀门改变气流流向,将捕获的 VOCs 送回至 RTO 进口处。RTO 可用于最高 VOCs 浓度约 10 g/m³ 的场合,当 VOCs 浓度约为 1.5 g/m³ 时,RTO 就可不补充燃料。若 VOCs 氧化分解产生的热量无须回用于生产工艺,则 RTO 是最佳的选择之一。

VOCs 气体中的颗粒物会对蓄热床造成堵塞,从而导致阻力增大。一般要求颗粒物浓度不大于 35 mg/m³,或在检修期间可以安全地去除颗粒物。

RTO 分为固定式 RTO 以及旋转式 RTO。

固定式 RTO 采用多床固定式蓄热室,经预热后的有机废气进入燃烧室高温氧化分解,净化后的高温尾气经蓄热体降温后达标排放,蓄热体预热进口废气,节省能源。设备运行温度为 800℃ 左右,阻力 ≤5 000 Pa。采用两床时,净化效率 ≥90%;采用三床及以上时,净化效率 ≥97%,热回用率 ≥90%。固定式 RTO 适用于中高浓度 VOCs 废气的净化。固定式 RTO 的技术特点为在蓄热体支撑结构上配设气体回流装置,减少阀门切换时废气滞留量;蜂窝陶瓷作为蓄热体,设备阻力小,见图 5-31。

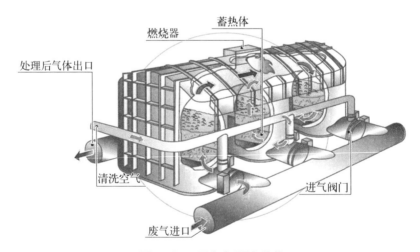

图 5-31 固定式 RTO 结构

旋转式 RTO 主体结构设有多个蜂窝陶瓷蓄热室和燃烧室,每个蓄热室依次经历蓄热、放热、清扫程序。控制系统控制驱动马达使回转阀按一定速度旋转,实现蓄热体吸附—放热的循环切换。净化效率 ≥97%,热回用率 ≥

90%。旋转式 RTO 适用于中高浓度 VOCs 废气处理。旋转式 RTO 的技术特点为蓄热体与被净化废气进行直接接触换热,换热效率高,运行费用低;采用旋转式多床结构设计,占地面积小,见图 5 - 32。

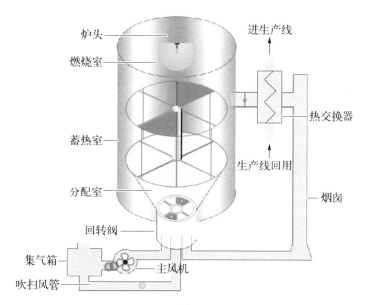

图 5 - 32　旋转式 RTO 结构

3) 回收式燃烧设备(TNV)

TNV 具备集中供热功能,把废气处理和烘干室供热作为整体系统考虑节能,可根据实际用热情况把总热量合理分配到各供热区,整体节能效果理想。其工作原理为风机将含有溶剂成分的废气从烘干室送到废气预热器,废气经预热后再由焚烧器将温度升至反应温度(750～800℃)并停留 0.7～1.0 s;VOCs 经燃烧生成 CO_2 和 H_2O,燃烧后的洁净气体通过废气预热加热器降温,剩余的热量被烘干室利用,最后将洁净气体通过排风口排至车间外大气中,见图 5 - 33。

(1) 催化氧化(RCO)

催化氧化是利用催化剂,在较低温度下将 VOCs 氧化分解的一种方式。其技术关键是空间速度和氧化温度,适用于废气浓度小于爆炸下限 25%的场合,主要用于热量回收。

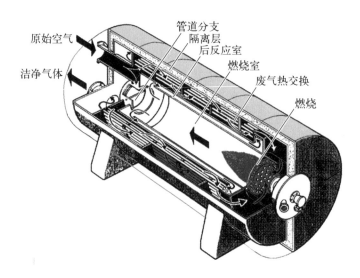

图 5-33　TNV 结构

在催化氧化炉中,VOCs 流经催化床,催化剂在 320~450℃温度下触发氧化分解反应,而催化剂本身并不参与反应。RCO 的特性是利用催化剂使 VOCs 燃烧分解温度大幅下降,甚至有可能在正常运行阶段不需要外部能耗(除启动阶段之外),见图 5-34。RCO 的技术特点为催化剂的使用可以降低燃烧温度,蓄热体提高热回用率,节约能源消耗。催化氧化器不能用于固体或液体颗粒物浓度较高的场合,这些颗粒物会使催化剂受到污染形成堵塞。汞、磷、砷、锑和铋等金属会使催化剂急性中毒,铅、锌、锡等金属会使

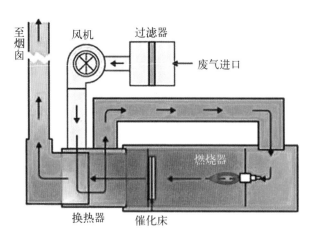

图 5-34　RCO 结构示意图

催化剂慢性中毒。铜和铁在 540℃高温下会与催化剂铂发生合金反应,使活性受到影响。硫化物和卤化物会因吸附在一些催化剂表面使催化剂活性表面被屏蔽。在一般使用状况下,催化剂每 1~3 年须更换或再生,以维持其处理功能。

（2）沸石转轮+燃烧

沸石转轮吸附的目的是将 VOCs 气体从大风量浓缩到小风量。在小风量情况下,VOCs 气体将更高效地被热氧化炉处理。VOCs 浓缩器的转轮由蜂窝状的陶瓷纤维片组成,其中有被浸渍了防水的沸石(分子筛)作为吸附介质。

浓缩系统是一个连续的运转过程,转轮一直在旋转,分为三个区域:处理区、解吸区、冷却区。每个区域间相互隔离。

VOCs 废气在经过旋转转轮处理区的时候被收集,在气体过了转轮后,VOCs 就被转轮上的吸附介质吸附从而得以去除。转到解吸区域,高温、低流量的解吸气体反方向吹扫并解吸,高浓缩 VOCs 解吸气体从转盘中脱离并送到热氧化系统进行燃烧处理。转轮中热的解吸区域接着被转到了冷却区域,在这里冷却气会将它冷却。一部分 VOCs 废气通过这块冷却区域后进入换热器中换热。在换热器中,冷却气会被燃烧器出来的高温洁净气体换热并成为高温解吸气体。燃烧器的用途是对转轮出来的高浓缩 VOCs 解吸气体进行燃烧氧化处理。在进入燃烧腔前,废气会先被燃烧器内的换热器预热到 550℃,然后进入燃烧腔中,燃烧器采用天然气助燃,保证 VOCs 有效氧化需要的热量,燃料腔内的温度为 750℃,解吸气体在燃烧腔内的停留时间大于 2 s,经燃烧处理后尾气中的总碳氢化合物浓度可低于 10 mg/m³。经燃烧处理后的气体通过换热器后与经吸附处理后的喷漆废气一起通过排气筒排放,见图 5－35。

该技术设计处理效率 95%以上,沸石 10 年不用更换。沸石转轮吸附净化效率≥90%,燃烧净化效率≥97%,综合治理效率≥87%。该技术适用于中低浓度 VOCs 废气的净化,降低了废气燃烧净化的运行费用。沸石转轮+燃烧处理工艺是一种常用的 VOCs 方法,特别适用于大风量、低浓度 VOCs,可以有效提高处理效率、降低运行成本。沸石转轮设备在汽车行业的应用也较普遍,国内外众多主流的汽车主机厂均有应用的案例。

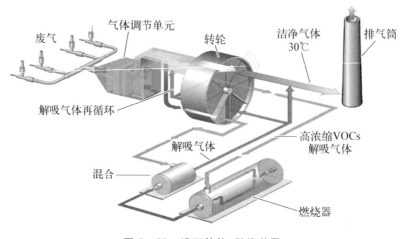

图 5-35　沸石转轮+燃烧装置

7. 静电

静电是一种电泳现象,利用高压电场使颗粒带荷电,在其通过电极时,带电荷的微粒分别被电极板吸附,达到去除颗粒的目的,见图 5-36。因不改变气体的组分,VOCs 的处理效率较低,静电法多用于合成革增塑剂回收。

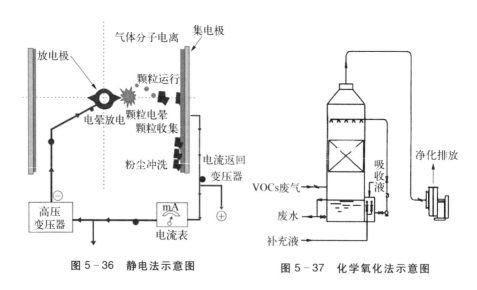

图 5-36　静电法示意图

图 5-37　化学氧化法示意图

8. 化学氧化

用具有化学氧化性的吸收液洗涤 VOCs 废气,从而达到净化的目的,见图 5-37。化学氧化法适用于特定低浓度 VOCs 废气,但具有明显气味的场所。

5.3.3 技术比较

末端处理技术的优缺点比较见表 5 - 12。

表 5 - 12 末端处理技术的优缺点比较

控制技术装备		优 点	缺 点
吸附技术	固定床吸附系统	（1）初设成本低； （2）能源需求低； （3）适合多种污染物； （4）去除臭味有很高的效率	（1）无再生系统时吸附剂更换频繁； （2）不适合高浓度废气； （3）废气湿度大时吸附效率低； （4）不适合含颗粒物状废气,对废气预处理要求高； （5）热空气再生时有火灾危险； （6）对某些化合物（如酮类、苯乙烯等）吸附时受限
	旋转式吸附系统	（1）结构紧凑,占地面积小； （2）连续操作、运行稳定； （3）床层阻力小； （4）适用于低浓度、大风量的废气处理； （5）脱附后废气浓度浮动范围小	（1）对密封件要求高,设备制造难度大、成本高； （2）无法独立地、完全地处理废气,需要与其他废气处理装置联合使用； （3）不适合含颗粒物状废气,对废气预处理要求高
吸收技术	吸收塔	（1）工艺简单,设备费低； （2）对水溶性有机废气处理效果佳； （3）不受高沸点物质影响； （4）无耗材处理问题	（1）净化效率较低； （2）耗水量较大,且排放大量废水,造成污染转移； （3）填料吸收塔易阻塞； （4）存在设备腐蚀问题
燃烧技术	TO/TNV	（1）污染物适用范围广； （2）处理效率高（可达 95% 以上）； （3）设备简单	（1）操作温度高,处理低浓度废气时运行成本高； （2）处理含氮化合物时可能造成烟气中 NO_x 超标； （3）不适合含硫化物、卤化物的治理； （4）处理低浓度 VOCs 时燃料费用高

控制技术装备		优　　点	缺　　点
燃烧技术	CO	（1）操作温度较直接燃烧低，运行费用低； （2）相较于 TO，燃料消耗量少； （3）处理效率高（可达 95% 以上）	（1）催化剂易失活（烧结、中毒、结焦），不适合硫化物、卤化物的净化； （2）常用贵金属催化剂，价格高； （3）有废弃催化剂处理问题； （4）处理低浓度 VOCs 时燃料费用高
	RTO	（1）热回收效率高（>90%），运行费用低； （2）净化效率高（95%~99%）； （3）适用于高温气体	（1）陶瓷蓄热体床层压损大且易堵塞； （2）低 VOCs 浓度时燃料费用高； （3）处理含氮化合物时可能造成烟气中 NO_x 超标； （4）不适合处理易自聚的化合物（苯乙烯等），该类化合物会发生自聚现象，产生高沸点交联物质，造成蓄热体堵塞； （5）不适合处理硅烷类物质，燃烧生成固体尘灰会堵塞蓄热陶瓷或切换阀密封面
	RCO	（1）操作温度低，热回收效率高（>90%），运行成本较 RTO 低； （2）高去除率（95%~99%）	（1）催化剂易失活（烧结、中毒、结焦），不适合硫化物、卤化物的净化； （2）陶瓷蓄热体床层压损大且易堵塞； （3）处理含氮化合物时可能造成烟气中 NO_x 超标； （4）常用贵金属催化剂成本高； （5）有废弃催化剂处理问题； （6）不适合处理易自聚、易反应等物质（苯乙烯），该类物质会发生自聚现象，产生高沸点交联物质，造成蓄热体堵塞； （7）不适合处理硅烷类物质，燃烧生成固体尘灰会堵塞蓄热陶瓷或切换阀密封面

控制技术装备		优　点	缺　点
生物技术	生物处理系统(生物滤床、生物滴滤塔、生物洗涤塔等)	（1）设备及操作成本低,操作简单; （2）除更换填料外不产生二次污染; （3）对低浓度恶臭异味去除率高	（1）不适合处理高浓度废气; （2）普适性差,处理混合废气时菌种不宜选择或驯化; （3）对 pH 控制要求高; （4）占地广大、滞留时间长、处理负荷低
其他组合技术	沸石转轮+燃烧	（1）去除效率高; （2）适用于大风量、低浓度废气; （3）燃料费较低; （4）运行费用较低	（1）处理含高沸点或易聚合的化合物时,转轮须定期处理和维护; （2）处理含高沸点或易聚合的化合物时,转轮寿命短; （3）对于极低浓度的恶臭废气处理,运行费用较高
	活性炭+CO	（1）适用于低浓度废气处理; （2）一次性投资费用低; （3）运行费用较低; （4）净化效率较高（≥90%）	（1）活性炭和催化剂需定期更换; （2）不适合含颗粒物状废气; （3）不适合处理含硫、卤素、重金属、油雾,以及高沸点、易聚合化合物的废气; （4）若采用热空气再生,不适合环己酮等酮类化合物的处理
	冷凝+吸附回收	（1）回收率高,有经济效益; （2）适用于高沸点、高浓度废气处理; （3）低温下吸附处理 VOCs 气体,安全性高	（1）单一冷凝要达标需要很低的温度,能耗高; （2）净化程度受冷凝温度限制,运行成本高; （3）需要有附设的冷冻设备,投资大、能耗高、运行费用高

各种技术都有其一定的适用范围,它们对废气组分以及浓度、温度、湿度、风量等因素均有不同要求,因此企业在选用治理技术时,应从技术可行性和经济性多方面进行考虑。具体见图 5-38。

对于高浓度(通常大于 10 000 mg/m³）的 VOCs,一般需要进行有机物的回收。通常首先采用冷凝技术将废气中大部分的有机物进行回收,再采用其他技术进行处理。如油气回收过程,自油气收集系统收集的油气,经油

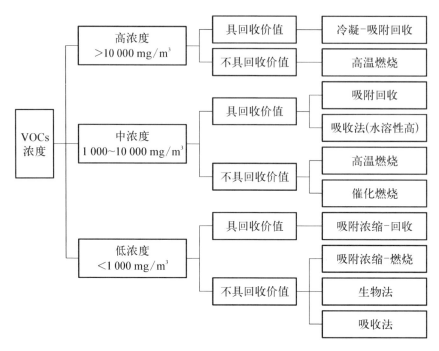

图 5-38 VOCs 治理技术适用范围(VOCs 浓度)

气凝液罐排除冷凝液后(可采用多级冷凝)进入油气回收装置,经冷凝回收的汽油进入回收汽油收集储罐,尾气通过活性炭吸附后达标排放,活性炭吸附饱和后的脱附油气经真空泵抽吸送入冷凝器入口进行循环冷凝。在有些情况下,虽然废气中 VOCs 浓度很高,但并无回收价值或回收成本太高,直接燃烧法更加适用,如炼油厂尾气的处理等。

对于低浓度(通常小于 1 000 mg/m³)的 VOCs,目前有很多治理技术可供选择,如吸附浓缩后处理技术、吸收技术、生物技术等,在大多数情况下需要采用组合技术进行深度净化。近年来,吸附浓缩技术(固定床或沸石转轮吸附)在低浓度 VOCs 的治理中得到了广泛应用,视情况既可以对废气中价值较高的有机物进行冷凝回收,也可以采用催化燃烧或高温焚烧工艺进行销毁。在吸收技术中,采用有机溶剂为吸收剂的治理工艺由于存在安全性差和吸收液处理困难等缺点,目前已较少使用。水吸收目前主要用于废气的前处理,如去除漆雾和大分子高沸点的有机物、去除酸碱气体等。另外,对于水溶性高的 VOCs,可采用生物滴滤法和生物洗涤法处理,水溶性稍低的可采用生物滤床处理。

对于中浓度(1 000~10 000 mg/m³)的 VOCs,当不具回收价值时,一般采用 CO/RCO 和 TO/TNV/RTO 技术进行治理。在该浓度范围内,CO/RCO 和 TO/TNV/RTO 技术的安全性和经济性较为合理,因此是目前应用最为广泛的治理技术。RCO 和 RTO 近年来得到了广泛的应用,提高了 RCO 和 RTO 技术的经济性,使得 RCO 和 RTO 技术可以在更低的浓度下使用。当废气中的有机物具有回收价值时,通常选用活性炭/活性炭纤维吸附+蒸汽/高温氮气再生+冷凝工艺对废气中的有机物进行回收,从技术经济上进行综合考虑,如果废气中有机物的价值较高,回收具有效益,吸附回收技术也常用于废气中较低浓度有机物的回收。对于水溶性高的 VOCs(如醇类化合物),也可采用吸收法回收溶剂。

图 5-39 给出了不同 VOCs 治理技术所适用的 VOCs 浓度和废气流量的大致范围。对于废气流量,图中给出的是单套处理设备最大处理能力和比较经济的流量范围。当废气流量较大时,可以采用多套设备分开进行处理。吸附浓缩+脱附排气高温焚烧/催化燃烧组合技术适用于大风量、低浓度 VOCs 废气的治理;生物法适用于中等风量、较低浓度 VOCs 废气的治理;吸附法(更换活性炭)适用于小风量、低浓度 VOCs 废气的治理;活性炭/

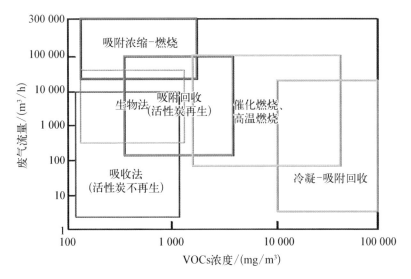

图 5-39　VOCs 治理技术适用范围(VOCs 浓度、废气流量)

活性炭纤维吸附溶剂回收适用于中大风量、中低浓度 VOCs 废气的治理；RCO 和 RTO 技术适用于中小风量、中高浓度 VOCs 废气的治理；冷凝回收法适用于中低风量、高浓度 VOCs 废气的治理。高浓度的 VOCs 废气一般都不能只靠单一的技术来进行治理，一般都是利用组合技术来进行有效的治理，如采用冷凝回收+活性炭纤维吸附回收技术等。废气温度也是需要考虑的因素之一，吸附法要求气体温度一般低于 40℃，当废气温度比较高时，吸附效果会显著降低，因此应该首先对废气进行降温处理或不采用此技术。燃烧法中，当气体温度比较高，接近或达到催化剂的起燃温度时，由于不再需要对废气进行加热，即使 VOCs 浓度较低，采用催化燃烧技术也是最为经济的。

废气的湿度对某些技术的治理效果的影响非常大，如吸附回收技术，活性炭、沸石和活性炭纤维在高湿度条件（如相对湿度高于 70%）下对有机物的吸附效果会明显降低，因此应该首先对废气进行除湿处理或不采用此技术。

第6章 汽车制造业 VOCs 控制案例

6.1 乘用车企业案例

6.1.1 项目概况

1. 原有涂装车间工艺

某乘用车企业原有涂装车间于 1995 年底竣工投产,使用溶剂型涂料,主要工艺过程包括脱脂、表调、磷化、钝化、阴极电泳、电泳烘干、电泳打磨、粗密封、底部密封、细密封、PVC 凝胶、中涂喷漆、中涂烘干、中涂打磨、色漆喷涂、清漆喷涂、面漆烘干、空腔注蜡、点修补等,见图 6-1。主要产生 VOCs 的环节为电泳烘干、PVC 凝胶、中涂喷漆、中涂烘干、色漆喷涂、清漆喷涂、面漆烘干、点修补,其末端治理情况见表 6-1。

图 6-1 溶剂型涂装车间生产工艺

（1）电泳

车身底漆采用阴极电泳工艺,将车身浸入稀释后的水性涂料中,在槽内设置电极,车身作为阴极,在通电压为 300~400 V 的直流电后,涂料中的树脂、颜料在车身表面和内腔上析出均一、不溶于水的漆膜。漆膜厚度一般在

表 6 - 1   溶剂型涂装车间 VOCs 末端治理情况一览表

VOCs 产生环节	末端治理方式	排 放 方 式
电泳烘干	TAR 热氧化炉	26 m 排气筒排放
PVC 凝胶	收集	26 m 排气筒排放
中涂喷漆	湿式文丘里	70 m 混凝土烟囱排放
中涂烘干	TAR 热氧化炉	26 m 排气筒排放
色漆喷涂	湿式文丘里	70 m 混凝土烟囱排放
清漆喷涂	湿式文丘里	70 m 混凝土烟囱排放
面漆烘干	TAR 热氧化处理	26 m 排气筒排放
点修补	收集	26 m 排气筒排放

25 μm 左右。电泳涂装的渗透性较好,可以均匀覆盖工件凹凸不平的部位,具有高效、经济、安全、污染少等优点。阴极电泳槽液主要采用无铅电泳液,包含色浆、树脂、酸添加剂、溶剂添加剂、杀菌剂等,VOCs 含量约为 5%,固体分约为 50%,其余为水;有机溶剂主要为 2-丁氧基乙醇、4-甲基-2-戊酮、甲酸。电泳浸涂后的电泳烘干是 VOCs 废气的主要产生源,烘干废气经 TAR 热氧化处理后排放,处理效率能达到 98% 以上。

（2）密封

密封的目的和位置有以下 3 个:① 为保护轿车内部密闭环境及美观,在焊接后留下的缝隙处涂密封胶（底部焊缝密封）;② 为防止行驶过程中道路尘粒对轿车底部钢板的撞击,造成钢板的损坏和产生较大噪声,在轿车底部（包括轮子上部区域）喷涂一层 1~3 mm 厚的 PVC 凝胶;③ 为减小震动和噪声,在车身内部粘贴阻尼胶板（底板密封）。其中所使用的 PVC 凝胶是以聚氯乙烯树脂为主要基料和增塑剂制成的涂料,VOCs 含量约 5%,在烘干凝固时形成 VOCs 排放。

（3）中涂

中涂涂膜介于阴极电泳涂膜和色漆涂膜之间,主要作用是隔离紫外线,保护电泳层,提高整体涂层的抗石击性能和整体涂层的外观。中涂采用溶剂型涂料,车身内腔和外表面的喷涂均采用机器人自动喷涂,使用的涂料为溶剂型聚氨酯漆,色漆干膜厚度为 30 μm。喷漆室温度为 23℃±2℃,相对湿度为 65%±5%。中涂喷漆完后进入中间烘干室,中间烘干室温度为 50℃,车身的停留时间为 10 min。中涂漆的主要成分为乙烯酯、聚酯树脂、颜料、环氧树脂、聚氨酯等,VOCs 含量为 40%,有机溶剂主要包括二甲苯、三甲苯、乙苯、正丙苯、异丙苯、乙酸-2-丁氧基乙酯、轻芳烃溶剂油、正丁醇类等化合物。中涂喷漆产生的漆雾处理采用湿式文丘里处理后排放,中涂烘干室废气经 TAR 热氧化处理后排放,处理效率能达到 98% 以上。

（4）色漆和清漆

色漆主要提供涂层基本的颜色和特殊视觉效果,清漆使漆膜具有饱满、明亮、平整的外观效果,可抵御环境因素(如酸雨、划擦、金属粉尘等)对涂层的侵蚀,并吸收紫外线。色漆和清漆喷涂采用溶剂型涂料,采用机器人喷涂,色漆干膜厚度为 15 μm,喷漆室温度为 23℃±2℃,相对湿度为 65%±5%;清漆干膜厚度为 40 μm,喷漆室温度为 23℃±3℃,相对湿度为 65%±5%。清漆喷涂完成后进入面漆烘干室,烘干条件为 140(+10/-5)℃(车身温度)保温 22 min。色漆的主要成分为聚酯树脂、纤维素树脂、氨基树脂、有机溶剂、颜料、环氧树脂、聚氨酯等,VOCs 含量为 70%,其中有机溶剂的主要成分为乙酸乙酯、轻芳烃溶剂油、三甲苯、乙酸-2-丁氧基乙酯、正丙苯、异丙苯、正丁醇等;清漆的主要成分为丙烯酸树脂、氨基树脂、聚氨酯、有机溶剂等,VOCs 含量约为 50%,其中有机溶剂的主要成分为乙酸乙酯、轻芳烃溶剂油、三甲苯、乙酸-2-丁氧基乙酯、正丙苯、异丙苯、正丁醇等。色漆、清漆喷涂产生的漆雾采用湿式文丘里处理后排放,面漆烘干室废气经 TAR 热氧化处理后排放,处理效率能达到 98% 以上。

涂料配制在调漆间内进行,中涂、清漆、色漆的喷漆器械与输送管道清洗均由 3 个部分组成:① 调漆间至喷漆室涂料管路的清洗;② 换色时清洗色杯;③ 喷漆室清洁墙壁或喷漆管,废清洗剂在调漆间内进行回收,做危废处置。清洗过程产生的废气通过喷漆废气排气筒排放。色漆和清漆的清洗剂均为溶剂型,VOCs 含量为 100%,主要成分为乙酸丁酯、二甲苯、乙苯、丁醇。

（5）点修补

完成烘干的车身经人工检查合格后送完注蜡生产,存在缺陷的则采用打磨与抛光方式去除涂料表面缺陷,无法去除的小面积缺陷进行点修补,大面积缺陷返回面漆线重新喷漆。共设置两个点修房用于小面积缺陷的喷漆修补,修补的色漆与色漆喷涂的涂料相同,清漆为低温修补清漆,主要成分为聚酯树脂、热固性聚丙烯树脂、颜料和有机溶剂。

2. 新建涂装车间工艺

随着国家环保要求的逐年提高,该乘用车企业于 2012 年启动建设新喷涂车间,2014 年底竣工投产。该涂装车间采用水性免中涂工艺,喷漆室采用机器人静电或空气喷涂,色漆膜厚度 15~35 μm,中间烘干室温度约为 70℃;清漆膜厚度为 35~55 μm,面漆烘干温度约为 130℃,见图 6-2。主要产生 VOCs 的环节为电泳烘干、PVC 凝胶、色漆喷涂、色漆热流平、清漆喷涂、面漆烘干、点修补等,见表 6-2。相比原有涂装车间,新建涂装车间的变化在于:取消了原有中涂及中涂烘干等环节;用水性色漆替换原有的溶剂型色漆;用干式石灰石漆涂替换原有湿式文丘里漆涂;喷漆废气采用循环风工艺,并新增沸石转轮(KPR)+TAR 热氧化炉处理;点修补废气新增活性炭处理。

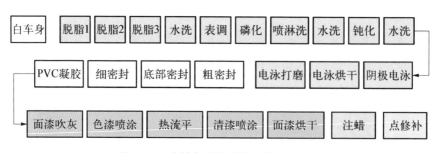

图 6-2　水性免中涂涂装车间生产工艺

表 6-2　水性免中涂涂装车间 VOCs 末端治理情况一览表

VOCs 产生环节	末端治理方式	排放方式
电泳烘干	TAR 热氧化炉	26 m 排气筒排放
PVC 凝胶	TAR 热氧化炉	26 m 排气筒排放

续　表

VOCs 产生环节	末端治理方式	排放方式
色漆喷涂	干式石灰石+KPR+TAR	40 m 混凝土烟囱排放
色漆热流平	KPR 系统中的 TAR 热氧化炉	40 m 混凝土烟囱排放
清漆喷涂	干式石灰石+KPR+TAR	40 m 混凝土烟囱排放
面漆烘干	TAR 热氧化处理	26 m 排气筒排放
点修补	抛弃式活性炭	26 m 排气筒排放

6.1.2　控制方案

新建涂装车间建设项目于 2012 年获得环评批复,于 2013 年开工建设,于 2014 年竣工投产,规划建设均按照《大气污染物综合排放标准》(GB 16297—1996)的要求对涂装线进行 VOCs 治理,即电泳烘干室、PVC 凝胶房、面漆烘干室废气进入 TAR 焚烧处置,清漆喷涂室废气进入沸石转轮+TAR 焚烧系统处置,色漆采用水性漆,未考虑末端 VOCs 处置设施。2015 年 1 月,上海市颁布《汽车制造业(涂装)大气污染物排放标准》(DB31/ 859—2014),不仅对涂装车间 VOCs 排放提出了更高的要求,而且对单位涂装面积的 VOCs 排放量做出了规定,具体排放限值见表 6 - 3。现有企业于 2017 年 1 月 1 日起实行该标准。

表 6 - 3　上海市地方标准(DB31/ 859—2014)排放限值

序号	污染物	最高允许排放浓度限值 /(mg/m³)	最高允许排放速率限值 /(kg/h)
1	苯	1	0.6
2	甲苯	3	1.2
3	二甲苯	12	4.5
4	苯系物	21	8.0

续　表

序号	污染物	最高允许排放浓度限值 /（mg/m³）	最高允许排放速率限值 /（kg/h）
5	非甲烷总烃	30	32
6	颗粒物	20	8.0
单位涂装面积 VOCs 排放量限值：35 g/m²			

　　虽然色漆使用了水性漆,但考虑到生产节拍、清洗剂的使用等因素,VOCs 的排放尚不能稳定达标,同时考虑对色漆热流平废气进行处理,涂装车间于 2016 年新增了一套沸石转轮+TAR 焚烧系统,用于处理色漆喷涂产生的废气,并把热流平废气接入该套系统的 TAR 中,以期进一步降低 VOCs 的排放量。2019 年,该涂装车间又新增一套活性炭装置以处理少量的点修补废气,已达到 VOCs 废气全面收集治理,实施过程见表 6-4。

表 6-4　实施过程一览

项　目	原有涂装车间	新建涂装车间	完成时间
源　头			
中涂漆	溶剂型	取消该环节	2014 年 12 月
色漆	溶剂型	水性漆替代	2014 年 12 月
清漆	溶剂型	溶剂型	—
清洗剂	溶剂型	色漆清洗剂：水性 清漆清洗剂：溶剂型	2014 年 12 月
工　艺			
喷漆室供风	全新风	20%新风,80%循环风	2014 年 12 月
漆雾处理	湿式文丘里	干式石灰石	2014 年 12 月

续　表

项　目	原有涂装车间	新建涂装车间	完成时间
末　端　治　理			
电泳烘干	TAR 焚烧	TAR 焚烧	2014 年 12 月
PVC 凝胶	未处理	TAR 焚烧	2014 年 12 月
中涂喷漆	未处理	取消该环节	2014 年 12 月
中涂烘干室	TAR 焚烧	取消该环节	2014 年 12 月
色漆喷涂	未处理	沸石转轮+TAR 焚烧	2016 年 10 月
中间烘干室	无该工艺	TAR 焚烧	2016 年 10 月
清漆喷涂	未处理	沸石转轮+TAR 焚烧	2014 年 12 月
面漆烘干室	TAR 焚烧	TAR 焚烧	2014 年 12 月

1. 源头替代

溶剂型色漆的 VOCs 含量高达 70%，而水性色漆的 VOCs 含量一般只有 10%～20%，有机成分主要包括丙醇、丁醇、乙二醇丁醚、石油精、1-甲基-2-吡咯烷酮等化合物，其余为固体分（水性聚氨酯聚合物）和去离子水；与水性漆配套的清洗剂采用水性清洗剂，VOCs 含量约为 29.5%，有机成分主要为乙二醇丁醚，其余为去离子水，见表 6-5。

表 6-5　常见的水性色漆及清洗剂成分

涂料种类	主　要　成　分	VOCs 含量/%
A 公司 水性玉白	二氧化钛 45%～50%，2-丁氧基乙醇 1%～5%，石油精 3%～5%，一缩二丙二醇一甲醚 1%～3%，二甘醇一丁醚 1%～3%，1-甲基-2-吡咯烷酮 1%～3%，聚丙二醇 1%～3%，四甲基癸二醇 0.3%～1.0%，1-乙基-2-吡咯烷酮 0.3%～1.0%，水分 39%～45%	14.3

涂料种类	主　要　成　分	VOCs 含量/%
B 公司 水性深黑 闪光底漆	水溶液,丙烯酸树脂,聚酯树脂,氨基树脂,有机溶剂,颜料,聚氨酯,异丙醇≥1%~<2%,2-乙基己醇≥1%~<2%,2-丁氧基乙醇≥4%~<10%,磷酸三异丁酯≥1%~<2%,2,4,7,9-四甲基-5-癸炔-4,7-二醇≥1%~<2%,云母族矿物≥1%~<2%,3-(2H-苯并三唑-2-基)-5-(1,1-二甲基乙基)-4-羟基-苯丙酸-C7-9(支链与直链)烷基酯≥0.5%~<1%,水≥36%~<44%,其他固体分41%~49%	13.6
B 公司 水性反射银 闪光底漆	水溶液,丙烯酸树脂,聚酯树脂,氨基树脂,有机溶剂,共聚物,颜料,聚氨酯,异丙醇≥3%~<5%,2-乙基己醇≥1%~<2%,2-丁氧基乙醇≥3%~<10%,磷酸三异丁酯≥1%~<2%,3-(2H-苯并三唑-2-基)-5-(1,1-二甲基乙基)-4-羟基-苯丙酸-C7-9(支链与直链)烷基酯≥0.5%~<1%,铝≥3%~<5%,水≥37%~<43%,其他固体分40%~50%	21.4
A 公司 色漆固化剂	脂族聚异氰酸酯40%~50%,己二异氰酸酯低聚物20%~30%,1-甲基-2-吡咯烷酮20%~30%,1,6-二异氰酰己烷0.1%~0.3%,非危害组分0.0~0.1%	30
新型水性漆 清洗溶剂	水分76%~83%,2-丁氧基乙醇≥25%~≤31%	29.5

2. 工艺改进

涂装是汽车制造业的能耗大户,也是产生三废排放最多的环节,在整车汽车制造工厂中涂装车间的能耗占60%以上。整车涂装能耗较大,其中涂装车间喷涂工艺更是耗能第一大户,原因是传统的喷漆室采用全新风空调,风量大,调温、调湿也会耗费大量能源。为了在喷涂工艺中节能降耗,发展应用喷漆室循环风技术逐步成为重要的技术途径。通常来说,为保证汽车涂装喷涂作业的工艺条件与作业环境,喷漆室采用上送洁净空调风、下设漆雾捕集与排风装置的方式进行通风净化。应用喷漆室循环风空调,其必要的基础条件是漆雾捕集器的捕集效率达到99%以上,否则容易造成循环风空调过滤堵塞。高效的干式漆雾净化技术的提升,为喷漆室空调循环风的利用创造了有利条件,新建涂装车间喷漆室即采用了循环风的方式。该车间为单线 30 JPH,即 30 台/h,生产方式为步进式,即车身在工位停止状态喷涂,喷涂后快速移动,喷漆室为大型上供风下排风喷漆室,喷漆室排放净化采用干式石灰石漆雾捕集装置,排放循环利用,喷漆室全自动作业,整个面漆喷涂线实现无人化,所有工序(擦净、内腔喷涂、外表面喷涂、开关车门和箱盖、自动检测漆膜厚度等)由机器人完成操作。所用涂料为水性色漆和双组分溶剂型清漆,色漆+清漆的总供风量约为 $5×10^5$ m³/h,新风供风量仅为 $1×10^5$ m³/h 左右,占总供风量的 20% 左右,见图 6-3。相较于传统的 100% 全新风喷漆室,可大量节省能源,也可减少废气末端处理的成本。

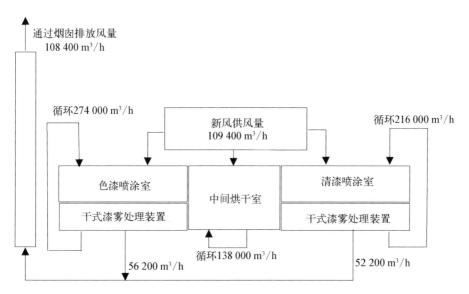

图 6-3　喷漆线循环风工艺示意图

3. 末端治理

1) 烘干室废气处理

烘干废气属于中高浓度高温废气,主要含有二甲苯、乙苯、苯系物、乙酸丁酯、非甲烷总烃等 VOCs,适合采用燃烧的方法处理,主要有回热式废气净化工艺和蓄热式热氧化处理工艺。

(1) 回热式废气净化工艺

回热式废气净化工艺简称 TNV 或者 TAR 焚烧器,该系统能全自动运行,维护量少,在全球范围内被广泛使用。该单元包括:燃烧器、燃烧室、管式换热器(用于预热来自生产中的废气)、反应室、调节板。烘干废气经风机送入紧凑型单元的换热器中预热至550℃后,进入燃烧室中,燃烧室中的温度约为730℃,在该温度下,废气中的有机物热分解成二氧化碳和水,对VOCs的去除效率理论上可达到97%以上。该过程所需的热量由废气污染物所含热量以及补充燃料提供,常用天然气作为补充燃料。焚烧尾气从燃烧室排出后,进入烘干室三至四组热交换器,利用尾气中的热量加热烘干室内空气,为烘干室提供热源。

(2)蓄热式热氧化装置

RTO的特点是换热器采用陶瓷蓄热床,氧化分解后气体将自身携带的大量热量传递并储蓄在蓄热床中,然后让进入氧化器的气体从蓄热床中获得换取热量,RTO的热回收效率高达95%。RTO通常至少有3个蓄热床,其中一个用于预热进气,一个用于蓄热降温排气,还有一个用于吹扫循环,吹扫循环可避免蓄热床换向时产生冲击排放。如果VOCs氧化分解产生的热量无须回用于生产工艺,则RTO是最佳的选择之一。VOCs气体中的颗粒物会对蓄热床造成堵塞,从而导致流阻增大。一般要求颗粒物浓度不大于35 mg/m³或在检修期间可以安全地去除颗粒物。

2)喷漆废气处理

喷漆废气属于大风量、低浓度的有机废气,在新涂装车间使用了沸石转轮+TAR。喷漆废气在进入转轮浓缩前,需经过过滤器来去除颗粒物;当废气通过转轮时,废气将被浓缩为原来体积的1/20左右,浓度则提升为原来的20倍左右;被浓缩的气体将随后进入TAR进行燃烧;燃烧完后洁净气体通过烟囱排气,并且其预热产生的热量可用于加热解吸气体。

(1)过滤系统

为防止废气中的颗粒进入转轮,堵塞沸石填料,须在前段加过滤系统,一般可选择三道过滤系统,包括粗效及中高效过滤器(G4+F7+F9)。在转轮之前,根据喷漆室颗粒物的浓度,须定期维护,更换过滤器。

(2)沸石转轮系统

转轮被分为了处理区(吸附区)、解吸区、冷却区三个区域,每个区域间相互隔离。含 VOCs 的废气在经过旋转转轮处理区的时候被收集,在气体过了转轮后,VOCs 就被转轮上的吸附介质吸附了,净化后的气体被释放进入大气。在解吸区域,附着在转轮上的 VOCs 被连续的高温、低流量解吸气体从反方向解吸收,高浓缩的 VOCs 气体从转盘中脱离并被送到热氧化系统做最后的 VOCs 销毁。转轮中 VOCs 从热的解吸区域接着被转到了冷却区域,在这里冷却气会将它冷却,一部分 VOCs 废气通过这块冷却区域,并被送到解吸换热器中换热。在换热器中,冷却气会与 TAR 出来的高温净化气体进行换热并成为高温的解吸气体。影响沸石转轮吸附装置使用效果的主要因素有:转轮转速、浓缩倍率、脱附温度、气体组分、气体浓度、温度与湿度。此转轮浓缩系统是一个连续的运转过程,转轮一直在旋转,沸石转轮的转速一般为每分钟数转,脱附风量为吸附风量的 5% ~ 10%。

（3）TAR 燃烧系统

TAR 燃烧系统的用途是将从浓缩器出来的 VOCs 脱附气体进行氧化处理。在进入 TAR 燃烧腔前,含 VOCs 的废气会先被 TAR 内的换热器预热,在燃烧腔中,燃烧器会提供热量来保证 VOCs 有效氧化所需的热量。VOCs 的氧化是通过天然气燃烧器加热气流,使之达到 730℃并保持这一温度至少 1 s 而实现。在通过燃烧腔后,净化的气体通过换热器的管道将其部分热量传递给进来的废气。这台换热器就在 TAR 出口。从燃烧腔出来的热的净化气体通过换热器将"冷"的解吸气体加热,然后去浓缩器进行解吸。

6.1.3　效果评估

1. 环境效益核算

1）核算方法

VOCs 排放量核算方法参照《上海市汽车制造业（涂装）VOCs 排放量计算方法（试行）》的计算公式:

$$E = \sum \left[I_i \times W_i \times (1 - C_i \times R_i) \right] - O_p - O_s - O_w \qquad (6-1)$$

式中　E——VOCs 产生总量,kg;

　　　I_i——第 i 种含 VOCs 原辅材料的耗用量,kg;

W_i——第 i 种含 VOCs 原辅材料的 VOCs 含量,kg;

C_i——第 i 种含 VOCs 原辅材料散发的 VOCs 捕集效率,%;

R_i——第 i 种含 VOCs 原辅材料散发的 VOCs 去除效率,%;

O_p——产品中 VOCs 残留量,kg;

O_s——废弃物或废溶剂中 VOCs 的含量,kg;

O_w——废水中 VOCs 的含量,kg。

2)核算原则

电泳浸涂 VOCs 产生量占物料 VOCs 含量的 35%,烘干占比 65%。

PVC 凝胶的 VOCs 全部在凝胶固化阶段产生。

溶剂型涂料喷漆 VOCs 产生量占物料 VOCs 含量的 75%,烘干占比 25%。

水性涂料 VOCs 产生量占物料 VOCs 含量的 80%,烘干占比 20%。

烘干室末端处理 TAR 焚烧炉处理 VOCs 效率按 98% 计,喷漆室漆雾处理系统对 VOCs 处理效率为 0,沸石转轮+TAR 焚烧炉处理 VOCs 效率按 92% 计,抛弃式活性炭对 VOCs 处理效率按 50% 计。

涂装车间喷漆室为正压,喷漆室外设置缓冲区,缓冲区为负压,喷漆流水线为密闭系统,喷涂过程会散逸出少量 VOCs,喷漆过程废气收集效率按 98% 计,无组织排放按 2% 计。

3)原有涂装车间排放量核算

统计期内,该涂装车间车型产量为 311 811 辆,单车涂装面积为 97.5 m²,VOCs 产生量和排放量见表 6-6 和表 6-7。

表 6-6　统计期内 VOCs 产生量

原辅料	用量/(t/a)	VOCs 含量/%	VOCs 产生量/(t/a)	浸涂/喷涂工艺产生量/(t/a)	烘干工序产生量/(t/a)
电泳漆	2 009.29	2.0	40.18	14.06	26.12
PVC 凝胶	5 397.224	5.0	269.861	0.0	269.861
中涂漆	692.803	31.6	218.93	164.2	54.73

续　表

原辅料	用量/ （t/a）	VOCs 含量/%	VOCs 产生量 /（t/a）	浸涂/喷涂 工艺产生量 /（t/a）	烘干工序 产生量 /（t/a）
色漆	968.704	70.0	678.092	508.569	169.523
清漆	886.452	49.6	439.68	329.76	109.92
稀释剂	1 087.6	100	1 087.6	815.7	271.9
清洗剂	990.675	100	990.675	990.675	0.0

表 6-7　统计期内 VOCs 排放量

环节	有组织 产生量/t	销毁量或 回收量/t	有组织 排放量/t	无组织 排放量/t	单位面积 产生量/ （g/m²）
电泳浸涂	14.06	0.0	14.06	0.0	—
电泳烘干	26.12	25.6	0.52	0.0	—
PVC 凝胶	269.86	264.46	5.4	0.0	—
中涂喷漆	164.200	0.0	160.916	3.284	—
中涂烘干	54.735	53.64	1.095	0.0	—
面漆喷涂	1 829.00	0.0	1 792.42	36.58	—
面漆烘干	551.343	540.32	11.023	0.0	—
清洗剂	990.68	396.27	594.41	0.0	—
小计	3 899.998	—	2 579.8	39.9	86.17

4）新建涂装车间排放量

统计期内，某车型年产量为 23.67 万辆，单车涂装面积为 97.5 m²，年 VOCs 排放量为 81.5 t，单车 VOCs 排放量为 3.53 g/m²，见表 6-8。比起原方案减排可达 96.9%。

表 6-8 统计期内 VOCs 减排情况

序号	排放单元		处 理 装 置	减排后排放量/(t/a)	
1	电泳池		直接排放	12.22	
2	电泳烘干室		燃烧处理装置	3.6	
3	喷胶房		直接排放	7.18	
4	预凝胶房		转轮吸附+燃烧装置	2.87	
5	色漆喷房	有组织	干式漆雾净化+转轮吸附+燃烧装置	13.75	20.99
6		无组织	直接排放	7.24	
7	清漆喷房	有组织	干式漆雾净化+转轮吸附+燃烧装置	20.34	31.04
8		无组织	直接排放	10.7	
9	面漆烘干室		燃烧处理装置	3.6	
合计				81.5	

该车企于 2019 年底投入使用电泳烘干室、PVC 烘干室、面漆烘干室、面漆喷涂室的 VOCs 在线监控设施,监测因子为非甲烷总烃。见图 6-4~图 6-6,烘干室焚烧废气的非甲烷总烃排放浓度<10 mg/m³,喷房转轮处理排放浓度基本能低于排放标准的一半,即小于 15 mg/m³。

2. 经济效益核算

1) 排污费核算

2015 年 12 月 16 日,上海市发展和改革委员会(上海市物价局)、上海市财政局、上海市环境保护局制定了《上海市挥发性有机物排污收费试点实施办法》(以下简称"办法"),上海开始试点启动 VOCs 排污收费。排污收费分为三个阶段,每个阶段实施不同的收费标准:第一阶段,自 2015 年 10 月 1 日起,收费标准为 10 元/kg;第二阶段,自 2016 年 7 月 1 日起,收费标准为 15 元/kg;

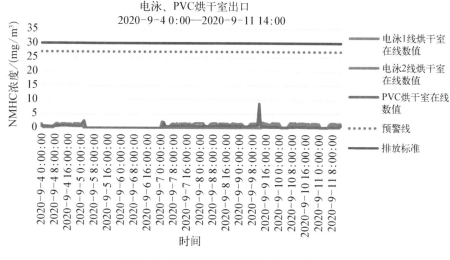

图 6-4　PVC 烘干室非甲烷总烃排放浓度

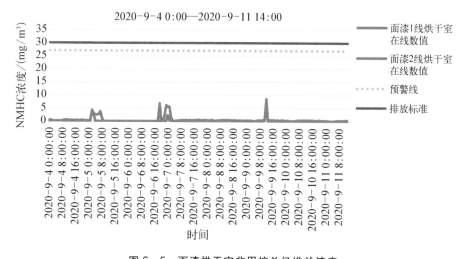

图 6-5　面漆烘干室非甲烷总烃排放浓度

第三阶段,自 2017 年 1 月 1 日起,收费标准为 20 元/kg。该办法覆盖了汽车制造业。对按要求完成治理改造的、排放浓度低于或等于本市排放限值的 50%,且当年未受到环保部门相关处罚的,按收费标准减半征收;对未采取源头防治措施,或未安装废气治理设施的,或治理设施运行不正常的,或存在 VOCs 超标排放等环境违法行为的,按收费标准加倍征收。按此标准测

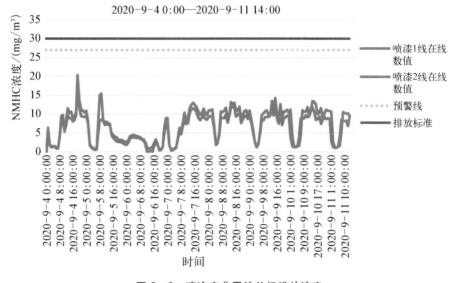

图 6-6　喷涂室非甲烷总烃排放浓度

算,如不实行水性漆替代方案和末端治理,将会给企业带来 2 000 多万元人民币的排污费用。

2）设备投资及运行费用

喷漆废气末端处理装置采用两套沸石转轮+TAR 焚烧,每套设施处理风量为 100 000 m³/h,相关土建及设备投资约为 1 800 万元。该设施主要消耗电能、天然气和压缩空气,据测算,单车新增能源费用为 13.2 元,此外还有更换过滤袋等耗材费用。按照 30 万辆/年的产能计算,该设施的年运行费用大约在 400 万元。由此可见,基于排污收费的标准,一年之内能收回建设成本,且能持续稳定达标排放。

6.2　客车企业案例

6.2.1　项目概况

某客车制造企业具有年产 2 000 辆城市客车和城郊客车及 3 000 辆底盘的生产能力,可生产大型长途客车、柴油发动机公交车、CNG 压缩天然气公交车、混合动力公交车及纯电动城市公交车等。2015 年企业进行涂装设备改造,并对配套的底盘生产线、车身线和总装线等进行适应性调整,并同步实施"VOCs 环保改造项目、VOCs 配套生产线调整项目",实现技术突破和降低制造成本的目标。

1. 生产现状

整车生产工艺流程分别在底盘车间、车身车间、涂装车间、总装车间及交付车间内生产完成,如图 6-7 所示。

图 6-7　整车生产工艺流程

底盘车间主要负责底盘的配套装配任务。车身车间主要负责客车车身的合拢、车身蒙皮开卷下料、组合焊接,底架部件焊接等加工工作。涂装车间主要承担整车防震隔热发泡、腻子涂刮及腻子打磨;整车底漆、面漆的喷涂及烘干;散件的腻子涂刮、打磨,底漆、面漆的喷涂及烘干作业,这些工艺都属于防腐性、保护性和装饰性涂层的表面涂装工艺。总装车间承担底盘装配、整车装配以及各种零部件分装任务。交付车间承担整车交付任务。

其中,涂装车间的生产工艺流程如下:进车(白车身)→车身板质量验收→车身发泡→车身预清理→车身底漆喷涂→车身底漆干燥→车身腻子刮涂→车身腻子干燥→车身腻子打磨→车身腻子修补→车身中涂漆喷涂→车身中涂漆干燥→车身中涂修补、打磨→车身喷涂底色面漆→车身底色面漆干燥→检验、整理、修补→清漆喷涂→清漆干燥→零件打磨→零件喷漆、干燥→检验、整理、修补→出车。其主要生产工序现状及主要原辅材料分别见表 6-9 和表 6-10。

2. 排放现状

结合生产工艺可发现,企业的主要 VOCs 排放源在涂装车间,按照车辆涂装的操作步骤,涂装车间 VOCs 主要产生环节如图 6-8 所示。

涂装车间 VOCs 产生、排放见表 6-11~表 6-14。

表 6-9 涂装车间主要生产工序现状

工序	简要说明	原辅材料	生产设备	作业方式
车身发泡	在车身内部（顶部、左右侧壁、后部）喷洒发泡剂，待结成块后，用铲刀铲平	发泡剂	发泡喷枪	手工
车身预清理	用布蘸上除油清洗剂，对车身外表面擦拭	除油清洗剂		手工
车身底漆喷涂、干燥	在喷漆室内对整车进行喷漆，然后推入烘干室进行干燥	环氧底漆	喷漆设备、烘干室	手工
车身腻子刮涂、干燥	对车身表面不平处补腻子，然后推入烘干室干燥	原子灰主剂、原子灰固化剂	烘干室	手工
车身腻子打磨、修补	用打磨机对车身进行打磨	原子灰主剂、原子灰固化剂	打磨机	手工
车身中涂漆喷涂、干燥	在喷漆室内对整车进行中涂漆喷漆，然后推入烘干室进行干燥	中涂漆	喷漆设备、烘干室	手工
车身中涂修补、打磨	用打磨机对车身进行打磨，然后自然干燥	—	打磨机	手工
车身喷涂底色面漆、干燥	在喷漆室内对整车进行喷漆，然后推入烘干室进行干燥	底色面漆	喷漆设备、烘干室	手工
清漆喷涂、干燥	在喷漆室内对整车进行喷漆，然后推入烘干室进行干燥	清漆	喷漆设备、烘干室	手工
零件打磨	用打磨机对零件进行打磨	—	打磨机	手工
零件喷漆、干燥	在喷漆室内对零件喷漆，然后推入烘干室进行干燥	底色面漆	喷漆设备、烘干室	手工

表 6-10　涂装车间主要原辅材料

编号	名称	主要成分及含量	工程用量/(t/a)	VOCs平均含量/%	VOCs含量/(t/a)
1	发泡剂	A 料：聚亚甲基聚苯异氰酸酯 100%，俗称黑料	95.22	5	4.76
2	除油清洗剂	邻二甲苯 45%~60%，丙二醇甲醚醋酸酯 10%~30%，醋酸丁酯 20%~30%，环己酮 0%~10%	14.09	100	—
3	环氧底漆及固化剂	底漆：环氧树脂 20%~30%，邻二甲苯 15%~20%，正丁醇 7.5%~10%，钛白粉 15%，三聚磷酸铝 5%~10%，硫酸钡 5%~10%，聚酰胺树脂 7.5%~10%；固化剂：邻二甲苯 15%~20%，正丁醇 7.5%~10%，聚酰胺树脂 5%~10%	31.911	26.25	8.377
4	原子灰及固化剂	不饱和聚酯树脂 36.8%，苯乙烯 2.68%，异辛酸钴 0.74%，二甲基苯胺 0.074%，助剂 0.92%，滑石粉 57.2%，防沉剂 1.65%，阻聚剂 0.001%；固化剂：过氧化环己酮和永固黄	101.969	2.754	2.753
5	中涂漆	钛白粉 20%~30%，丙烯酸树脂 30%~40%，邻二甲苯 8%~15%，丙二醇甲醚醋酸酯 3%~8%，醋酸丁酯 5%~10%，环己酮 0%~5%；固化剂：邻二甲苯 8%~15%，丙二醇甲醚丙酸酯 3%~8%，醋酸丁酯 5%~10%，环己酮 0%~5%，聚六亚甲基二异氰酸酯 10%~20%	38.341	27	10.352

续　表

编号	名　称	主要成分及含量	工程用量/(t/a)	VOCs 平均含量/%	VOCs 含量/(t/a)
6	底色面漆	钛白粉 20%～30%，硫酸钡 5%～10%，聚氨酯树脂 30%～40%，邻二甲苯 8%～15%，丙二醇甲醚丙酸酯 3%～8%，醋酸丁酯 5%～10%，环己酮 0%～5%，聚六亚甲基二异氰酸酯 10%～20%	102.019	27	27.545
7	清漆	5-甲基-2-己酮 16%～26%，1,2,4-三甲苯 5%～15%，轻芳烃溶剂石脑油(石油) 5%～15%，1,3,5-三甲基苯 1%～4%，乙酸正丁酯 1%～4%，二甲苯 1%～4%，乙酸 0.1%～1%，丙苯 0.1%～1%，癸酸 0.1%～1%，异丙苯二酸双(1,2,2,6,6-戊甲基-4-哌啶基)酯 0.1%～1%，2,3-环氧丙酯丙酯 0.1%～1%，混合物 0.1%～1%，乙基苯 0.1%～1%，非危害组分 57%	44.458	43	19.117
8	稀释剂	邻二甲苯 50%～80%，正丁醇 20%～50%	131.01	100	131.01
9	合计		559.01	—	218.00

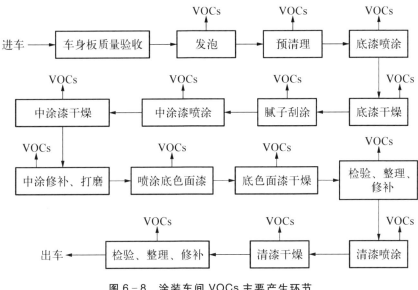

图 6-8 涂装车间 VOCs 主要产生环节

表 6-11 现有 VOCs 产生环节、处理方式与排放去向

序号	废气类型	生产工序	产生节点	处理方式和排放去向
1	喷漆废气	喷漆	喷漆室	水旋处理系统处理后 15 m 排气筒排放
2	烘干废气	烘干	蒸汽烘干室	车间无组织逸散
3		烘干	天然气烘干室	活性炭吸附后 15 m 排气筒排放
4	发泡废气	发泡	发泡工序	车间无组织逸散
5	除油废气	除油清洗	预清理工序	车间无组织逸散
6	腻子填补废气	腻子填补	腻子填补工序	车间无组织逸散
7	修补废气	修补	修补工序	车间无组织逸散
8	调漆间废气	涂料调配	调漆间	车间无组织逸散

表 6 - 12 日常有组织排放源检测数据

采样位置	检测项目	结　果	
		排放浓度 /（mg/m³）	排放速率 /（kg/h）
1#喷漆室排气筒	非甲烷总烃	98.2	6.81
		79.2	6.80
	二甲苯	13.3	0.92
		7.02	0.60
2#喷漆室排气筒	非甲烷总烃	57.2	4.70
		56.8	4.17
	二甲苯	16.5	1.36
		10.3	0.76
3#喷漆室排气筒	非甲烷总烃	85.3	7.14
		55.6	3.95
	二甲苯	19.7	1.65
		12	0.85
烘干室排气筒	非甲烷总烃	78.4	0.15
		74	0.16
	二甲苯	1.52	0.003
		1.69	0.004

表 6 - 13　无组织排放点检测数据

采样位置	检测项目	排放浓度/（mg/m³）
发泡工序附近	非甲烷总烃	1.15
		2.49
	二甲苯	<0.001 5
		0.387
预清理工序附近	非甲烷总烃	1.96
		2.42
	二甲苯	0.159
		0.306
调漆间附近	非甲烷总烃	2.85
		1.24
	二甲苯	0.133
		0.373
烘干室附近	非甲烷总烃	2.21
		1.12
	二甲苯	0.445
		<0.001 5
腻子填补工序附近	非甲烷总烃	2.27
		2.23
	二甲苯	0.306
		0.220

经计算,涂装车间 VOCs 的物料平衡汇总如图 6 - 9 所示。

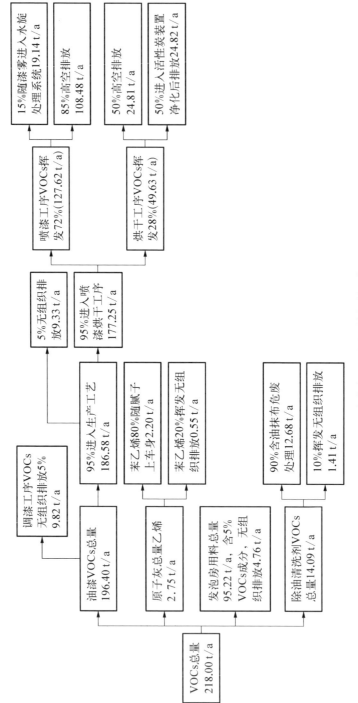

图 6-9 涂装车间 VOCs 的物料平衡汇总

表 6 - 14　涂装车间 VOCs 产生和排放情况　　（单位：t/a）

污染物	产生量	削减量	排　放　量	
			有组织排放	无组织排放
VOCs	218.00	58.84	133.29	25.87

6.2.2　控制方案

1. 产品调整

为控制 VOCs 的排放，该公司确定调整公司产量。改造后的生产量如表 6 - 15 所示，形成整车 2 000 辆和底盘 3 000 辆的年生产能力。

表 6 - 15　改造后生产量

产　品		生产量（辆/a）	
整车	常规车	1 000	2 000
	新能源车	1 000	
底盘	常规车	1 500	3 000
	新能源车	1 500	
合　　计			5 000

2. 工艺改造

涂装车间的生产工艺流程基本保持不变。改造内容包括：将溶剂型面漆和彩条面漆改造为水性涂料，将三道清漆改造为一道清漆。配合水性涂料的喷涂和烘干工艺，对原有喷漆室和烘干室等进行相应改造。具体 VOCs 减排和工艺改造内容如下。

1）喷漆室改造

现有喷漆室使用时间较长，其配套设施无法适应水性涂料喷涂工艺。

故对现有喷漆室进行改造,主要工艺内容如下:为了降低喷漆工序的 VOCs 产生量,并顺应涂料发展趋势,现四台喷漆室均按满足水性漆喷涂条件进行设计。室体结构部件大量采用不锈钢材料,供风空调更换为恒温恒湿空调机组。

为了降低喷漆工序的 VOCs 排放,对四台喷漆室的废气排放进行集中处理、集中排放。为此,需要规范四台喷漆室的生产管理,明确每台喷漆室的工作内容:1#喷漆室负责底涂中涂,2#喷漆室负责零件面漆喷涂,3#喷漆室负责彩条面漆喷涂,4#喷漆室负责面漆、清漆喷涂。

另外,为了降低喷漆工序的涂料过喷浪费,并增加涂装车间生产的自动化率,在喷涂工作量最大的 1#和 4#喷漆室均增加六轴+轨道机器人,替代原有的人工喷涂。

采用机器人喷涂后,为每种车型定制专用喷涂轨迹,相较于传统人工喷涂,涂料过喷量可从 60%降低至 40%。采用机器人喷涂后,枪头最大运动速率高达 1.5 m/s,喷涂动作连续稳定,并省去了人工喷涂中三维升降台的动作时间,喷涂时间从人工喷涂的 30~50 min 缩短至小于等于 18 min。

2)烘干室改造

为适应水性涂料喷涂后烘干工艺需求,对现有的蒸汽烘干室和天然气烘干室进行改造,将八台烘干室热源统一为天然气加热。由于原天然气烘干室采用的四元体加热机组对废气的处理效率无法达标,设计将八台烘干室的加热单元统一为不含废气处理功能的三元体加热机组。为了降低烘干工序的 VOCs 排放,设计将八台烘干室的废气排放集中至蓄热式废气焚烧炉处理后排放,净化效率达到 98%。

3)预清理工位改造

联合封闭两个预清理工位,统一为一个预清理区域,起到隔离挥发区的作用,改善车间溶剂挥发气味污染的情况。预清理区域按工位设置埋地排风风道,风道开设条形排风口,排风口采用格栅板覆盖,通过集中排风机对预清理区域进行换气。预清理区域由车间通风系统设置的顶部送风风管负责封闭区域内的新风补充。预清理工位的排风经过活性炭吸附处理达标后高空排放。

4）发泡、腻子填补工位改造

联合封闭发泡两个工位以及刮腻子四个工位,起到隔离挥发区的作用,改善车间溶剂挥发气味污染的情况。发泡、刮腻子区域按工位设置近地排风风道,风道开设方形排风口,通过集中排风风机进行换气。发泡、刮腻子区域送风取车间外风过滤后送至车间内,排风经过活性炭吸附处理达标后高空排放。

5）修补工位改造

将两个封闭修补工位统一为一个修补区域,起到隔离挥发区的作用,改善车间溶剂挥发气味污染的情况。修补区域按工位设置埋地排风风道,风道开设条形排风口,排风口采用格栅板覆盖,通过集中排风风机对修补区域进行换气。修补区域由车间通风系统设置的顶部送风风管,负责封闭区域内的新风补充。修补工位的排风经过活性炭吸附处理达标后高空排放。

6）新增自动化输调漆系统

改造车间北侧辅房,设置输调漆间及储漆间。

增加自动化输调漆系统十套模组,移动式压力罐小系统四套,废溶剂回收装置两套,管中管温控模组一套,冷热水换热站一套,达到涂料输送恒温自动化的目的,减少涂料输送所需的人工步骤,大大改善输调漆间及喷漆室环境。

输调漆系统采用两线循环系统,涂料材料循环至支管末端,使喷枪换色所损耗的材料减小到最低,并同时兼容机器人、人工、水性漆、溶剂性漆等多种工况。

自动化输调漆系统通过机械调漆、管道输送的方式提供涂料原料供应,仅在加料时打开缸盖进行加料。加料过程的时间较短,10 min 以内就可完成加料,一次加料可以满足 2 d 的涂料消耗量。

自动化输调漆系统投入使用后,可大幅降低人工涂料调配过程中涂料 VOCs 的挥发,减少该过程 VOCs 的无组织逸散。与 VOCs 产生相关的生产设施汇总至表 6-16。

表 6 - 16   与 VOCs 产生相关的生产设施汇总

生产设施	用　　途	原辅材料	施工方式	备　注
1#喷漆室	整车、零件的底涂/中涂喷漆	环氧底漆/中涂漆	自动	利旧改造
2#喷漆室	零件的面漆喷涂	面漆	手工	
3#喷漆室	整车彩条、零件的面漆喷涂	面漆	手工	
4#喷漆室	整车的面漆/清漆喷涂	面漆/清漆	自动	
1#~8#烘干室	涂料及腻子干燥	—	自动	
发泡工位	车身隔热填充	发泡剂	手动	
预清理工位	车身表面清理	除油清洗剂	手动	
腻子填补工位	钣金表面平整	原子灰、原子灰固化剂	手动	
修补工位	整车补漆	修补用面漆	手动	
调漆间	涂料调配	涂料稀释剂	自动	

3. 原辅材料替代

工艺改造后,原辅材料中面漆和彩条面漆从采用溶剂型涂料变更为采用水性涂料,涂料配比中 VOCs 含量下降明显;底涂涂料、中涂涂料、清漆仍然使用溶剂型涂料,发泡剂、除油清洗剂、腻子填补用的原子灰主剂及原子灰固化剂等原辅材料和现有工程保持一致。改造后,涂装车间主要原辅材料消耗量如表 6 - 17 所示。

4. 生产车间末端治理

原有涂装车间废气采用水旋处理后排放,部分烘干室废气通过活性炭吸附处理排放,其余烘干室、发泡、腻子填补、修补及预清理工序均为车间无组织排放。改造后,生产工序中主要有来自车身发泡、预清理、喷漆(包括底

表 6-17　工艺及 VOCs 改造后主要原辅材料消耗量

编号	名称	主要成分及含量	涂料用量/(t/a)	挥发性有机分平均含量/%	VOCs含量/(t/a)
1	环氧底漆	底漆：环氧树脂20%~30%，邻二甲苯15%~20%，正丁醇7.5%~10%，钛白粉15%，三聚磷酸铝5%~10%，硫酸钡5%~10%；固化剂：邻二甲苯15%~20%，正丁醇7.5%~10%，聚酰胺树脂5%~10%	16.87	26.25	4.43
2	中涂漆	中涂漆：钛白粉20%~30%，丙烯酸树脂30%~40%，邻二甲苯8%~15%，丙二醇甲醚丙酸酯3%~8%，醋酸丁酯5%~10%，环己酮0~5%；固化剂：邻二甲苯8%~15%，丙二醇甲醚丙酸酯3%~8%，醋酸丁酯5%~10%，环己酮0~5%，聚六亚甲基二异氰酸酯10%~20%	20.47	27	5.53
3	面漆	面漆：二甲基乙醇胺0.5%~3%，二丙二醇甲醚2%~7%，乙二醇丁醚0.5%~2%，丙二醇丁醚0.1%~0.5%，100#溶剂汽油0.5%~2%，光稳剂0.1%~0.5%，非危害组分70%~80%	40.59	15	6.09
4	面漆稀释剂	正戊醇5%~10%，聚丙二醇3%~5%，丙酮0.3%~1%，非危害组分80%~90%	3.25	16	0.52
5	清漆	5-甲基-2-己酮16%~26%，1,2,4-三甲苯5%~15%，轻芳烃溶剂石脑油(石油)5%~15%，1,3,5-三甲基苯1%~4%，乙酸正丁酯1%~4%，二甲苯1%~4%，乙酸0.1%~1%，丙酮0.1%~1%，癸二酸双(1,2,2,6,6-戊甲基-4-哌啶基)酯0.1%~1%，异丙苯0.1%~1%，乙基苯0.1%~1%，2,3-环氧丙酯0.1%~1%，混合物0.1%~1%，非危害组分57%	23.83	43	10.25

续　表

编号	名称	主要成分及含量	涂料用量/(t/a)	挥发性有机分平均含量/%	VOCs含量/(t/a)
6	发泡剂	A料：聚亚甲基聚苯基异氰酸酯100%，俗称黑料；B料：俗称白料，聚醚多元醇30%，磷酸三（2-氯丙基）酯45%，2-二甲基乙醇胺5%，四甲基二丙烯三胺10%，环戊烷发泡剂10%（A，B料使用配比为1:1，其中B料中10%为VOCs成分）	75.60	5	3.78
7	除油清洗剂	邻二甲苯45%~60%，丙二醇甲醚醋酸酯10%~30%，醋酸丁酯20%~30%，环己酮0~10%	11.15	100	11.15
8	原子灰及固化剂	不饱和聚酯树脂36.8%，苯乙烯2.68%，异辛酸钴0.74%，二甲基苯胺0.92%，滑石粉57.2%，防沉剂1.65%，阻聚剂0.001%固化剂：过氧化环己酮和水固黄	80.68	2.754	2.18
9	修补用面漆	二甲基乙醇胺0.5%~3%，二丙二醇甲醚2%~7%，乙二醇丁醚0.5%~2%，丙二醇丁醚0.1%~0.5%，100#溶剂汽油0.5%~2%，光稳剂0.1%~0.5%，非危害组分70%~80%	0.41	15	0.061
10	修补用面漆稀释剂	正戊醇5%~10%，丙二醇3%~5%，聚丙二醇0.3%~1%，丙酮0.3%~1%，非危害组分80%~90%	0.03	16	0.005

漆、中涂、底色面漆、清漆喷涂）、腻子填补、烘干（包括底漆、腻子、中涂、底色面漆、清漆干燥）、修补过程产生的有组织废气。另外，调漆间涂料调配产生有机废气。其中，2#、3#喷漆室喷漆废气经水旋处理装置处理后，通过 20 m 排气筒排放；1#、4#喷漆室喷漆废气经水旋处理装置处理后，与调漆间调漆废气汇集进入一套沸石转轮处理装置，净化处理后通过 20 m 排气筒排放；1#～8#烘干室的烘干废气经收集进入 RTO 处理装置集中净化处理后，通过 15 m 排气筒排放；发泡、预清理、腻子填补、修补废气经收集后，通过活性炭吸附净化装置+催化燃烧装置处理，再通过排气筒高空排放，见表 6 - 18。

喷漆、烘干、调漆废气采用的废气净化方案如下：

（1）2#、3#喷漆室分别用于零件的面漆喷涂和整车彩条漆的面漆喷涂，原辅材料使用水性涂料。经计算，VOCs 的产量较小，分别为 0.46 t/a 和 1.37 t/a。故 2#、3#喷漆室产生的喷涂废气通过水旋处理系统处理后，通过排气筒高空排放。

（2）1#、4#喷漆室分别用于整车的底涂、中涂喷漆和整车的面漆、清漆喷涂，原辅材料使用溶剂型涂料。经计算，VOCs 的产量分别为 26.54 t/a 和 13.01 t/a。1#、4#喷漆室产生的喷涂废气通过水旋处理系统处理后，与调漆间调漆废气汇集进入沸石转轮装置处理区（前置过滤器）吸附净化，通过排气筒高空排放。

（3）沸石转轮脱附废气引自 1#、4#喷漆室的喷漆废气，使用常温的喷漆废气对冷却区进行冷却换热。

（4）1#～8#烘干室产生的烘干废气通过废气管道收集后，进入蓄热式焚烧炉，经燃烧净化处理后通过排气筒高空排放。

6.2.3　效果评估

1. 环境效益

1）VOCs 物料平衡分析

改造后，涂装车间承担年产大客车 2 000 辆的生产任务。根据建设单位提供的资料，计算工艺及 VOCs 改造后的物料平衡，如图 6 - 10 所示。

表 6 – 18 改造后 VOCs 产生环节、处理方式和排放去向

序号	废 气 类 型	生产工序	产生节点	处 理 方 式	排 放 去 向
1	1#喷漆室喷涂废气	喷漆	1#喷漆室	水旋处理装置+沸石转轮处理装置	经 20 m 排气筒排放
2	4#喷漆室喷涂废气	喷漆	4#喷漆室		
3	调漆间调漆废气	涂料调配	调漆间	沸石转轮处理装置	
4	2#喷漆室喷涂废气	喷漆	2#喷漆室	水旋处理装置	
5	3#喷漆室喷涂废气	喷漆	3#喷漆室	水旋处理装置	
6	1#~8#烘干室烘干废气	烘干	1#~8#烘干室	RTO 处理装置	经 15 m 排气筒排放
7	转轮脱附废气	—	沸石转轮吸附装置		
8	发泡废气	发泡	发泡房	活性炭吸附净化装置+催化燃烧装置	经 15 m 排气筒排放
9	预清理清洗废气	除油清洗	预清理间	活性炭吸附净化装置+催化燃烧装置	经 20 m 排气筒排放
10	腻子填补废气	腻子填补	腻子填补间	活性炭吸附净化装置+催化燃烧装置	经 20 m 排气筒排放
11	修补废气	修补	修补间	活性炭吸附净化装置+催化燃烧装置	经 20 m 排气筒排放

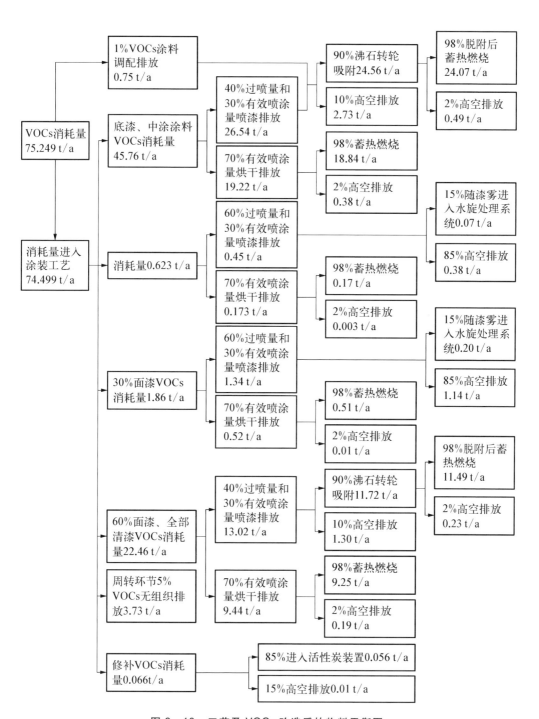

图 6-10　工艺及 VOCs 改造后的物料平衡图

2）合规性分析

改造后,按照《汽车制造业(涂装)大气污染物排放标准》(DB31/ 859—2014)的要求,汽车制造企业的大气污染物排放量需满足非甲烷总烃排放限值 30 mg/m³、排放速率 32 kg/h 的要求,同时车辆单位涂装面积排放 VOCs 排放量限值为 210 g/m²。

原有生产情况下,企业的单位涂装面积 VOCs 排放量为 866.88 g/m²,经过本次改造后单位涂装面积 VOCs 排放量为 86.24 g/m²,达到上海市地方标准。

经计算,工艺及 VOCs 改造后涂装车间的 VOCs 排放总量为 11.632 t/a,其中有组织排放量为 7.902 t/a,无组织排放量约为 3.73 t/a,见表 6-19。有组织 VOCs 产生和排放情况见表 6-20。涂装车间 VOCs(以非甲烷总烃核算)可实现达标排放。

2. 经济效益

涂装车间 VOCs 环保改造及工艺调整技术项目投资为 8 000 万元。主要环保设备清单见表 6-21。

末端治理设备的运行成本主要包含用电成本、天然气使用成本和活性炭更换及处置成本。用电成本、天然气使用成本估算分别见表 6-22、表 6-23。

表 6-19　改造后涂装车间 VOCs 产生和排放情况　（单位：t/a）

工　序	产生量	进入生产工序量	削减量	有组织排放量	无组织排放量	排放量
调漆、喷漆、涂料烘干	75.26	—	64.67	6.86	3.73	10.59
发　泡	3.78	—	3.05	0.73	0	0.73
除油清洗	11.15	—	10.94	0.215	0	0.215
腻子填补	2.18	1.74	0.352	0.084	0	0.084
修　补	0.066	—	0.053	0.013	0	0.013
总　计	92.436	1.74	79.065	7.902	3.73	11.632

表 6 – 20　有组织 VOCs 产生和排放情况

序号	有机废气	排气量/(m³/h)	产生情况 浓度/(mg/m³)	速率/(kg/h)	治理措施	去除率/%	排放情况 浓度/(mg/m³)	速率/(kg/h)
1	1#喷漆室喷涂废气	83 000	157.99	13.27	水旋处理装置 + 沸石转轮处理装置	90		
2	4#喷漆室喷涂废气	83 000	77.56	6.51				
3	调漆间调漆废气	2 000	187.5	0.375	沸石转轮处理装置	90	8.67	3.54
4	2#喷漆室喷涂废气	120 000	3.73	0.45	水旋处理装置	15		
5	3#喷漆室喷涂废气	120 000	11.19	1.34	水旋处理装置	15		
6	1#~8#烘干室烘干废气	24 000	625.99	15.02	RTO 处理装置	98	20.85	0.66
7	转轮脱附废气	7 500	2 374.30	17.81				
8	发泡废气	9 500	198.95	1.89	活性炭吸附净化装置	85	29.84	0.28
9	预清理清洗废气	38 000	29.34	1.12	活性炭吸附净化装置	85		
10	腻子填补废气	38 000	15.28	0.58	活性炭吸附净化装置	85	5.66	0.48
11	修补废气	38 000	1.74	0.07	活性炭吸附净化装置	85		

表 6-21　主要环保设备清单

序号	设备名称	数量	单位	备　注
1	沸石浓缩转轮系统	1	套	用于 1#、4#喷漆室喷漆废气治理
2	RTO 蓄热燃烧系统	1	套	用于烘干废气和沸石浓缩转轮的脱附废气治理
3	活性炭吸附+催化燃烧系统	4	套	用于涂装车间发泡、除油清洗及腻子填补、修补废气、交付车间喷蜡室(喷胶室)的有机废气治理

表 6-22　末端治理设备用电成本估算

序号	设备名称	功率/kW	运行时间/(h/a)	电费单价/[元/(kW·h)]	运行费用/(元/a)
1	沸石浓缩转轮系统	200	2 000	1.34	536 000
2	RTO 蓄热燃烧系统	130	2 750		479 050
3	活性炭吸附系统(发泡房)	7.5	2 000		20 100
4	活性炭吸附系统(预清理)	30	2 000		80 400
5	活性炭吸附系统(腻子填补、修补)	60	2 000		160 800
6	活性炭吸附系统[喷蜡房(喷胶房)]	60	2 000		160 800
7	催化燃烧装置(涂装车间)	30	250		10 050
8	合　计				1 447 200

　　改造后,厂区活性炭吸附系统用于涂装车间(发泡、除油清洗、腻子填补、修补废气)、交付车间[喷蜡房(喷胶房)]和废水处理站的有机废气治理。活性炭更换及处置成本估算见表 6-24。

表 6－23　末端治理设备天然气使用成本估算

序号	项　目	平均用气量 /（m³/h）	运行时间 /（h/a）	天然气单价 /（元/m³）	运行费用 /（元/a）
1	转轮系统用天然气	19	2 000	4.83	183 540
2	RTO 系统用天然气	40	2 750		531 300
3	合　计				714 840

表 6－24　活性炭更换及处置成本估算

序号	活性炭年更换量/ （t/a）	更换费用单价/ （元/t）	处置费用单价/ （元/t）	更换费用 /（元/a）	处理费用 /（元/a）	运行费用 /（元/a）
1	14	12 000	12 000	168 000	168 000	336 000

根据以上计算,末端治理设备的年运行费用约为 249.8 万元。

6.3　最优控制路径

汽车涂装 VOCs 控制分为防、治两条途径。防是源头控制,即通过提高低有机溶剂含量的环保涂料使用比例,改进汽车涂装工艺技术及涂装设备等方法,减少 VOCs 等有机废气的产生;治主要是对涂装生产工艺过程排放的 VOCs 废气进行处理。整合最优控制技术,模拟最优控制条件下 VOCs 的排放浓度,对汽车制造涂装线改造及新建涂装线 VOCs 控制路径进行分析。

6.3.1　传统涂装线改造控制路径

传统 3C2B 溶剂型涂装生产线 VOCs 排放量较大,VOCs 产生量为 44~79 g/m²,见表 6－25。因此需要对传统 3C2B 溶剂型涂装体系进行改造。

表 6-25 传统 3C2B 溶剂型涂装生产线产排污

涂装体系	内板喷涂方式	工 序	VOCs 产生量/(g/m^2)
3C2B(SSS)	空气	喷漆+烘干	52~79
	静电	喷漆+烘干	44~65

1. 改造技术分析

1）源头替代

指高固涂料、水性涂料、水基清洗剂等低 VOCs 原辅材料的替代。替代效果见第 5.1 节。

发泡材料宜使用水性发泡材料,有机溶剂含量不应超过 5%。

密封胶宜通过挤出技术和无气喷涂进行涂覆,粘接材料的有机溶剂含量不应超过 5%。

根据涂料或清洗要求的不同,宜优先选用水基清洗剂,避免使用纯溶剂清洗剂。

2）过程控制

为减少 VOCs 的产生,喷涂涂料趋向水性化及高固化、工艺趋向紧凑型发展,从水性 3C2B 到水性 3C1B,再到较为流行的紧凑型水性 3C1B 工艺和免中涂工艺,溶剂型高固体分 3C1B 喷涂工艺也日益受到关注。

免中涂工艺绝非简单地取消中涂,而是在不降低复合涂层全项性能前提下,将中涂工艺段省略,进而实现资源(涂料和辅助生产材料)消耗的减量以及工艺能耗的大幅度削减。

原辅材料替代也需要对生产工艺进行一定程度的改造。如水性涂料在膜固化之前增加了水分烘干的要求,这就需要对喷漆室、输调漆系统材质进行替换。

通常情况下,水性涂料的 VOCs 排放量相比于溶剂型涂料更低,但是生产要求更高,会产生更多能耗,并且需要的投资更高。为了满足水性喷涂工艺额外的固化要求,需要具有涂层间闪干的场所,这就意味着为溶剂型体系设计和安装的涂装车间可能没有空间容纳水基体系,见表 6-26。

表 6 - 26 溶剂型工艺与水性工艺对比

喷涂系统	溶剂型	水性
色漆与清漆的中间过渡干燥工序	短闪干（不包括所有工序）	中间干燥（50～80℃，5～10 min）进出口需要设置气封，长度为 35～55 m，占面漆线的 75%
中涂烘干室加热曲线	不需要保持在 100℃ 以下	5～10 min，温度保持在水沸点以下
喷漆室建材	标准的镀锌钢板	所有的区域均需要使用不锈钢
荷电装置	自动喷涂	自动喷涂，荷电装置需要配备脱离系统，可能会造成喷涂效率下降
喷涂环境	比水性漆宽泛	对湿度要求严格，视当地气候环境而定，空调系统也非常必要

除了工艺改造，日常生产运行中通过精细管理也可以实现 VOCs 减排，尤其是无组织排放。

（1）储存

（a）涂料、稀释剂、清洗剂、固化剂、PVC 凝胶、隔热防震涂料、粘接剂、密封胶等 VOCs 物料密闭储存。

（b）盛装 VOCs 物料的容器或包装袋应存放于室内，或存放于设置有遮雨、遮阳和防渗设施的专用场地。

（c）盛装 VOCs 物料的容器或包装袋在非取用状态时应加盖、封口，保持密闭。

（d）废涂料、废稀释剂、废清洗剂、废活性炭等含 VOCs 废料（渣、液）以及 VOCs 物料废包装物等危废应密封储存于危废暂存库。

（2）转移和输送

（a）VOCs 物料转移和输送应采用密闭管道或密闭容器等。

（b）使用集中供漆系统，主色系涂料宜设单独的涂料罐、供给泵及单独的输送管线；其他色系涂料可共用输送管线，并配备清洗系统。

（c）应缩短涂料输送线的长度。

（3）调配

（a）涂料、稀释剂等 VOCs 物料的调配过程应采用密闭设备或在密闭空间内操作，废气应排至 VOCs 废气收集处理系统；无法密闭的，应采取局部气体收集措施，废气应排至 VOCs 废气收集处理系统。

（b）设置专门的密闭调配间。

（c）批量、连续生产的涂装生产线，应使用全密闭自动调配装置进行计量、搅拌和调配；间歇、小批量的涂装生产线，应减少现场调配和待用时间；调漆宜采用排气柜或集气罩收集废气。

（4）电泳

电泳过程在密闭空间内操作，应严格控制电泳槽液 VOCs 含量，废气排至 VOCs 废气收集处理系统；无法密闭的，应采取局部气体收集措施，废气排至 VOCs 废气收集处理系统。

（5）喷涂

（a）中涂漆、色漆（面漆）、罩光清漆等喷涂过程应在密闭空间内操作，废气应排至 VOCs 废气收集处理系统；无法密闭的，应采取局部气体收集措施，废气应排至 VOCs 废气收集处理系统。

（b）使用涂料回流系统，喷涂时应精确控制涂料用量。

（6）流平闪干

（a）流平过程在密闭空间内操作，废气应排至 VOCs 废气收集处理系统；无法密闭的，应采取局部气体收集措施，废气应排至 VOCs 废气收集处理系统。

（b）禁止在流平过程中通过安装大风量风扇或其他通风措施故意稀释排放。

（7）烘干

（a）烘干过程在密闭空间内操作，废气应排至 VOCs 废气收集处理系统。

（b）烘干废气不与喷涂、流平废气混合收集处理。

（8）清洗

（a）清洗过程应采用密闭设备或在密闭空间内操作，废气应排至 VOCs

废气收集处理系统;无法密闭的,应采取局部气体收集措施,废气应排至 VOCs 废气收集处理系统。

(b) 使用多种颜色漆料的,应设置分色区,相同颜色集中喷涂,减少换色清洗频次和清洗溶剂消耗量。

(c) 喷枪、喷嘴、管线等清洗时,应根据色漆颜色清洗难易程度,调整清洗剂用量。

(d) 设置单独的滑橇、挂具等配件密闭清洗间。

(e) 线上清洗时,应在喷涂工位配置溶剂回收系统。

(9) 涂胶、点修补、注蜡

(a) 点修补在密闭空间内操作,废气应排至 VOCs 废气收集处理系统;无法密闭的,应采取局部气体收集措施,废气应排至 VOCs 废气收集处理系统。

(b) 涂胶、注蜡等工序无法实现局部密闭的,应在喷涂工位配置废气收集系统。

(10) 回收

涂装作业结束时,除集中供漆外,应将所有剩余的 VOCs 物料密闭储存,送回至调配间或储存间。

(11) 非正常工况

VOCs 废气收集处理系统发生故障或检修时,对应的生产工艺设备应停止运行,待检修完毕后同步投入使用;生产工艺设备不能停止运行或不能及时停止运行的,应设置废气应急处理设施或采取其他替代措施。

3) 末端处理

电泳车间废气应配备独立的有机废气处理系统,或将废气收集至电泳烘干室,使用电泳烘干室尾气处理系统去除 VOCs,节省电泳末端处理设施。

喷漆废气漆雾捕集装置宜采用文丘里式、高压静电式等漆雾处理装置,漆雾处理后的颗粒物浓度小于 2 mg/m³。

对喷漆室 VOCs 进行有效处理。目前比较成熟的方法是沸石转轮浓缩-直接燃烧技术。废气在经过旋转转轮处理区时,体积压缩至 1/25 ~ 1/14,即浓度提升至 14~25 倍,高浓缩有机废气再送至热氧化系统焚烧处理。该技术设计处理效率 95%以上,沸石 10 年不用更换。

适用于烘干段废气 VOCs 治理技术包含 TO、RTO 及 RCO 技术。由于 RCO 设备催化剂成本较高(25 万~60 万元/m³)造成 RCO 设备建设成本、运行成本较高,建议使用 TO 及 RTO,效率均能达到 97%以上,保证烘干废气达标排放。

2. 传统涂装线改造经济性分析

基于典型的 3C2B 溶剂涂装线,进行 VOCs 综合整治改造技术评估。需要增加水性色漆加热闪干烘干室,单车涂料费用增加 40 元左右,见表 6 - 27。

表 6 - 27　涂装线改造范围及投资

工艺	改 造 范 围	停产时间/d	建设投资/万元	单位面积排放削减量/(g/m²)	运行成本
高固替换	流量控制阀门	30	100	14~71	无增加
水性体系替换	输漆系统改造,增加水性溶剂清洗管路,增加色漆加热闪干烘炉,喷涂机器人改造,色漆、中涂喷漆室改造	60	2 000	15~75	单车增加 40 元左右

对 TO 和 RTO 两种末端处理技术削减成本进行分析,结果见表 6 - 28。

表 6 - 28　热力焚烧技术削减成本分析

治理技术	削减效率/%	建设成本/(万元/万立方米)	运行成本/(元/万立方米)	综合削减成本/(元/万立方米)
TO	99	285	150	199
RTO	97	400	65	145

涉及烘干炉加热的治理技术包括 TO+热交换系统及 RTO+独立加热装置。分析两种技术建设成本、运行成本及综合削减成本,见表 6 - 29。

表 6 - 29　污染治理加烘干供热技术削减成本分析

治理设备	供热装置	建设成本/（万元/万立方米）	运行成本/（元/万立方米）	综合削减成本/（元/万立方米）
TO	换热系统	975	602	2 828
RTO	燃气加热系统	1 033	1 088	3 446

适用于喷涂段 VOCs 治理技术包括沸石转轮+热氧化装置，TO、RTO 这两种设备均能使喷漆室废气达标排放。分析两种治理技术建造成本、运行成本及综合削减成本，见表 6 - 30。

表 6 - 30　沸石转轮+热氧化技术削减成本分析

治理技术	削减效率/%	建设成本/（万元/万立方米）	运行成本/（元/万立方米）	综合削减成本/（元/万立方米）
沸石转轮+TO	89	60	25	38
沸石转轮+RTO	87	60	17	29

3. 传统涂装线改造综合整治推荐

传统涂装线 3C2B 溶剂型体系进行高固体分及水性替换后，单位面积削减量分别为 14~71 g 及 15~75 g，VOCs 产生量达到 22~37 g/m² 及 26~39 g/m²，VOCs 产生量无明显差异。单位面积削减成本分别为 1.4 万~7.2 万元/g 及 27 万~133 万元/g，差异显著，且高固体分替换具有运行成本低的优势。综合考虑投入成本、改造效果和现有条件，对 3C2B 溶剂型生产线的综合整治首要推荐使用高固体分涂料替代，涂装生产线采用 3C1B（HHH）喷涂体系。其次推荐采用水性涂料替代，涂装生产线改造采用 3C2B（SWS）喷涂体系。日常生产也须严格执行管理要求最大限度减少 VOCs 排放。

由末端治理技术经济性分析可知，喷漆段废气采用沸石转轮+RTO，烘干段废气采用 RTO 经济效益较好（具备独立的烘干段加热装置），无 VOCs

治理设施或治理设施低效的企业推荐喷漆段和烘干段分别采用沸石转轮+RTO 及 RTO 设备。

6.3.2 新建涂装线最优控制路径

新建涂装线通常不受场地、技术和生产的局限,可以整合最优控制技术,模拟最优控制条件下 VOCs 的排放浓度。对整车制造新建工厂及工厂改造 VOCs 控制技术进行分析,确保其符合相关排放标准和管理要求。

1. 源头控制

涂料类型直接影响喷涂过程中 VOCs 排放水平,根据《车辆涂料中有害物质限量》(GB 24409—2020)、《低挥发性有机化合物含量涂料产品技术要求》(GB/T 38597—2020)、《胶粘剂挥发性有机化合物限值》(GB 33372—2020)和《清洗剂挥发性有机化合物含量限值》(GB 38508—2020)要求推进高固漆料、水性漆料、水基清洗剂等低 VOCs 原辅材料的使用。发泡材料使用水性发泡材料,有机溶剂含量不超过 5%。密封胶通过挤出技术和无气喷涂进行涂覆,粘接材料的有机溶剂含量不超过 5%。根据涂料或清洗要求选用水基清洗剂,尽量使用不含 VOCs 的清洗剂。

2. 过程控制

1)喷涂工艺

根据第 5.2.2 节可知,B1B2 在传统工艺基础上直接取消了中涂喷漆和烘干两个工序,B1、B2 分别为具有中涂功能和色漆功能的组分。该工艺成膜总厚度一般比其他工艺成膜总厚度更小,因此进一步削减了能耗、涂装成本及 VOCs 排放量,是目前最先进、环保的涂装工艺。

喷涂技术方面旋杯静电喷涂上漆率最高,汽车内、外板均采用旋杯静电喷涂可提升涂料利用率至 85%。清洗溶剂方面,溶剂回收系统的使用最多可减少 90% 废溶剂的排放。

喷漆废气末端治理技术中 TNV 的处理效率最高可达 99% 以上,烘干废气末端治理技术中转轮+TNV 治理效率最高可达 89%。

因此,综合各组合技术减排效果选取最优控制技术路径,并通过物料衡算法计算该技术路径下 VOCs 的产生与排放量,见表 6-31。

表 6-31　最优控制技术路径及对应的 VOCs 产生量与排放量

涂装工艺	涂料体系	喷涂方式	喷漆废气	烘干废气	VOCs 产生量 /(g/m²)	VOCs 排放量 /(g/m²)
B1B2	WWS	旋杯静电喷涂	TNV	沸石转轮 +TNV	21	7

2）涂装设备技术

（1）前处理——电泳输送设备

前处理工序可采用电泳逆流循环技术,包括脱脂液的除铁屑及废液回收利用工艺、脱脂槽液除油工艺、前处理水洗工序的逆流工艺、前处理后冲洗水循环再生工艺和超滤技术开发利用及电泳后冲洗工艺,可减少前处理耗水量,提高清洗用水和电泳涂料使用率。欧美发达国家和地区大型汽车企业车身涂装电泳线后清洗工序开始普遍采用 RO 反渗透技术,国内新建汽车涂装线也逐步推广应用。

与传统输送方式的涂装生产线相比,采用先进翻转式前处理、电泳输送设备的涂装生产线可实现车身电泳 360°翻转,不仅可节省电泳槽建设投资、电泳底漆和冲洗水消耗,而且可彻底消除车身前后盖、车顶盖内的气泡缺陷,提高电泳漆的泳透率和整车的防腐性能。

（2）自动喷涂系统

国际先进的自动喷涂系统实现车身内、外表面全机器人喷涂,使得机器人在有效的生产时间内可以实现任务最大化,减少人力成本。

（3）节能型烘干炉

国内汽车车身涂层烘干一般采用辐射加对流或采用循环对流加热方式,排出的烘干废气温度高并含有可燃气体,一般经过废气处理后才能排放。因此,国内外通常进行尾气燃烧-能源综合利用方式进行节能。目前已开发的新型节能烘干室与传统的对流式烘干相比,其热效率提高了 1 倍以上。

3）日常管理

日常生产运行中通过精细管理来实现 VOCs 减排,尤其是无组织排放。

（1）储存

（a）涂料、稀释剂、清洗剂、固化剂、PVC 凝胶、隔热防震涂料、粘接剂、密封胶等 VOCs 物料应密闭储存。

（b）盛装 VOCs 物料的容器或包装袋应存放于室内，或存放于设置有遮雨、遮阳和防渗设施的专用场地。

（c）盛装 VOCs 物料的容器或包装袋在非取用状态时应加盖、封口，保持密闭。

（d）废涂料、废稀释剂、废清洗剂、废活性炭等含 VOCs 废料（渣、液）以及 VOCs 物料废包装物等危废应密封储存于危废暂存库。

（2）转移和输送

（a）VOCs 物料转移和输送应采用密闭管道或密闭容器等。

（b）使用集中供漆系统，主色系涂料宜设单独的涂料罐、供给泵及单独的输送管线；其他色系涂料可共用输送管线，并配备清洗系统；颜色较多的鼓励使用走珠系统结合快速换色阀块，减少换色时涂料的浪费。

（c）缩短涂料输送线的长度。

（3）调配

（a）涂料、稀释剂等 VOCs 物料的调配过程应采用密闭设备或在密闭空间内操作，废气应排至 VOCs 废气收集处理系统；无法密闭的，应采取局部气体收集措施，废气应排至 VOCs 废气收集处理系统。

（b）设置专门的密闭调配间。

（c）批量、连续生产的涂装生产线，应使用全密闭自动调配装置进行计量、搅拌和调配；间歇、小批量的涂装生产线，应减少现场调配和待用时间；调漆应采用排气柜或集气罩收集废气。

（4）电泳

电泳过程应在密闭空间内操作，应严格控制电泳槽液 VOCs 含量，废气应排至 VOCs 废气收集处理系统；无法密闭的，应采取局部气体收集措施，废气应排至 VOCs 废气收集处理系统。

（5）喷涂

（a）中涂、色漆（面漆）、罩光清漆等喷涂过程应在密闭空间内操作，废气应排至 VOCs 废气收集处理系统;无法密闭的,应采取局部气体收集措施,废气应排至 VOCs 废气收集处理系统。

(b) 新建线建设干式喷漆室,应使用全自动喷涂设备,采用循环风工艺;使用湿式喷漆室时,循环水泵间和刮渣间应密闭,废气应排至 VOCs 废气收集处理系统。

(c) 使用涂料回流系统喷涂时应精确控制涂料用量。

(6) 流平闪干

(a) 流平过程应在密闭空间内操作,废气应排至 VOCs 废气收集处理系统;无法密闭的,应采取局部气体收集措施,废气应排至 VOCs 废气收集处理系统。

(b) 禁止在流平过程中通过安装大风量风扇或其他通风措施故意稀释排放。

(7) 烘干

(a) 烘干过程应在密闭空间内操作,废气应排至 VOCs 废气收集处理系统。

(b) 烘干废气不与喷涂、流平废气混合收集处理。

(8) 清洗

(a) 清洗过程应采用密闭设备或在密闭空间内操作,废气应排至 VOCs 废气收集处理系统;无法密闭的,应采取局部气体收集措施,废气应排至 VOCs 废气收集处理系统。

(b) 使用多种颜色漆料的,应设置分色区,相同颜色集中喷涂,减少换色清洗频次和清洗溶剂消耗量。

(c) 喷枪、喷嘴、管线等清洗时,应根据色漆颜色清洗难易程度,调整清洗剂用量。

(d) 设置单独的滑橇、挂具等配件密闭清洗间。

(e) 线上清洗时,应在喷涂工位配置溶剂回收系统。

(9) 涂胶、点补、注蜡

(a) 点补应在密闭空间内操作,废气应排至 VOCs 废气收集处理系统;无法密闭的,应采取局部气体收集措施,废气应排至 VOCs 废气收集处理系统。

（b）涂胶、注蜡等工序无法实现局部密闭的，应在喷涂工位配置废气收集系统。

（10）回收

（a）涂装作业结束时，除集中供漆外，应将所有剩余的 VOCs 物料密闭储存，送回至调配间或储存间。

（b）使用走珠供漆系统时，换色过程应将管内未使用的涂料回流至密闭分离模块或调漆模块，进行回收或回用，不同种类、不同颜色的涂料应分开设置分离模块。

（11）非正常工况

VOCs 废气收集处理系统发生故障或检修时，对应的生产工艺设备应停止运行，待检修完毕后同步投入使用；生产工艺设备不能停止运行或不能及时停止运行的，应设置废气应急处理设施或采取其他替代措施。

3. 末端治理

喷涂废气漆雾捕集装置宜采用干式喷漆漆雾处理（循环风利用）装置，漆雾处理后的颗粒物浓度小于 $2 \ mg/m^3$。

可采用沸石转轮浓缩-直接燃烧技术对喷漆室 VOCs 进行有效处理。废气在经过旋转转轮处理区时，体积压缩至 1/25~1/14，即浓度提升至 14~25 倍，高浓缩有机废气再送至热氧化系统焚烧处理。该技术设计处理效率 95%以上，沸石 10 年不用更换。

为达到节能减排的目的，烘干废气处理可采用 TNV。TNV 是一种将处理 VOCs 废气和向汽车涂装生产线提供热能两种功能合二为一的系统，既处理了有机废气，又节省了能源消耗，是一种运行成本较低的有效方法。TNV 对有机废气分解效率可达 99%以上，氧化温度为 815℃左右；使用二级热回收，热回收率可达 76%；设备使用寿命长；有机废气的处理量的调节比可达 5∶1，燃烧器的输出的调节比则可达 40∶1；对有机废气的处理要求稳定性好。

4. 经济可行性分析

采用物料衡算法计算，以电泳面积 120 m^2、喷涂面积 19 m^2（内表面 7 m^2）、生产节拍 30 台/h 的乘用车涂装线为例，通过物料衡算法计算单位电泳面积 VOCs 的产生量、排放量及建设成本。

　　生产线建设成本包括中涂、色漆、清漆喷涂室、烘干室、晾干室、擦洗打磨间等工艺段的建设成本,对所需建设成本及运行成本进行核算,结合该生产工艺下单位电泳面积 VOCs 产生量,形成生产工艺控制技术 VOCs 产排污及费用分析,见表 6 - 32。

表 6 - 32　生产工艺控制技术 VOCs 产排污及费用分析

涂装工艺	涂装体系	内板喷涂方式	VOCs产生量/（g/m²）	生产线建设费用/亿元	生产线运行费用/万元	漆料费用/（元/车）	综合费用/（元/车）
3C2B	SSS	空气	52 ~ 79	3.8 ~ 4.3	400 ~ 700	300 ~ 500	827 ~ 1 343
		静电	44 ~ 65	3.8 ~ 4.3	400 ~ 700	229 ~ 381	756 ~ 1 224
	WWS	空气	32 ~ 44	4.0 ~ 4.5	500 ~ 800	360 ~ 600	993 ~ 1 550
		静电	22 ~ 37	4.0 ~ 4.5	500 ~ 800	265 ~ 442	898 ~ 1 392
	HHH	空气	29 ~ 45	3.8 ~ 4.3	400 ~ 700	306 ~ 515	833 ~ 1 358
		静电	26 ~ 39	3.8 ~ 4.3	400 ~ 700	240 ~ 405	767 ~ 1 348
3C1B	SSS	空气	47 ~ 68	3.5 ~ 4.0	320 ~ 560	257 ~ 429	694 ~ 1 122
		静电	39 ~ 56	3.5 ~ 4.0	320 ~ 560	200 ~ 333	637 ~ 1 026
	WWS	空气	26 ~ 37	3.7 ~ 4.2	400 ~ 640	341 ~ 568	864 ~ 1 348
		静电	23 ~ 34	3.7 ~ 4.2	400 ~ 640	265 ~ 442	788 ~ 1 222
	HHH	空气	27 ~ 41	3.5 ~ 4.0	320 ~ 560	262 ~ 441	699 ~ 1 134
		静电	24 ~ 35	3.5 ~ 4.0	320 ~ 560	197 ~ 331	688 ~ 1 024
B1B2	WWS	空气	24 ~ 34	3.2 ~ 3.7	370 ~ 600	265 ~ 442	742 ~ 1 165
		静电	21 ~ 30	3.2 ~ 3.7	370 ~ 600	208 ~ 347	685 ~ 1 070

　　常用末端处理技术投资运行成本见 6.3.1 节传统涂装线改造控制路径中的经济性分析。

5. 新建工厂综合整治技术推荐

根据各项技术的减排效果及经济效益分析,选取工艺控制技术及 VOCs 末端治理技术进行组合,并计算不同控制条件下 VOCs 的排放水平,形成新建工厂 VOCs 综合整治技术推荐表,见表 6 - 33。

表 6 - 33 新建工厂 VOCs 综合整治技术推荐表

涂装工艺	涂装体系	内板喷涂方式	喷漆废气处理	烘干废气处理	推荐排序	排放浓度/(g/m²)
B1B2	WWS	静电	沸石转轮+RTO	TNV	1	7~8
3C1B	HHH	静电	沸石转轮+RTO	TNV	2	7~9
B1B2	WWS	空气	沸石转轮+RTO	TNV	3	8~9
3C1B	WWS	静电	沸石转轮+RTO	TNV	4	7~8
3C1B	HHH	空气	沸石转轮+RTO	TNV	5	8~9
3C2B	HHH	静电	沸石转轮+RTO	TNV	6	8~9
3C1B	WWS	空气	沸石转轮+RTO	TNV	7	8~9
3C2B	WWS	静电	沸石转轮+RTO	TNV	8	7~9
3C2B	HHH	空气	沸石转轮+RTO	TNV	9	8~10
3C2B	WWS	空气	沸石转轮+RTO	TNV	10	8~9

第7章　汽车制造业绿色发展展望

《国务院关于印发〈中国制造 2025〉的通知》(国发〔2015〕28 号)提出,中国制造的基本方针之一是绿色发展,即坚持把可持续发展作为建设制造强国的重要着力点,加强节能环保技术、工艺、装备推广应用,全面推行清洁生产。发展循环经济,提高资源回收利用效率,构建绿色制造体系,走生态文明的发展道路。绿色发展的重点工作在于加大先进节能环保技术、工艺和装备的研发力度,加快制造业绿色改造升级;积极推行低碳化、循环化和集约化,提高制造业资源利用效率;强化产品全生命周期绿色管理,努力构建高效、清洁、低碳、循环的绿色制造体系。

《工业和信息化部　国家发展改革委　科技部关于印发〈汽车产业中长期发展规划〉的通知》(工信部联装〔2017〕53 号)提出汽车产业发展的指导思想如下:深入贯彻党的十八大和十八届三中、四中、五中、六中全会精神,牢固树立和贯彻落实创新、协调、绿色、开放、共享的发展理念。以加强法制化建设、推动行业内外协同创新为导向,优化产业发展环境。控总量、优环境、提品质、创品牌、促转型、增效益,推动汽车产业发展由规模速度型向质量效益型转变,实现由汽车大国向汽车强国转变。

《工业和信息化部　财政部关于印发〈重点行业挥发性有机物削减行动计划〉的通知》(工信部联节〔2016〕217 号)的总体思路如下:以技术进步为主线,坚持源头削减、过程控制为重点,兼顾末端治理的全过程防治理念,发挥企业主体作用,加强政策支持引导,推动企业实施原料替代和清洁生产技术改造,提升清洁生产水平,促进行业绿色转型升级。

随着汽车制造业的不断发展,推广应用涂装绿色制造也越来越受到重视。应用涂装绿色制造能使汽车企业减少 VOCs 排放,减少涂料和溶剂消耗,减少各种颗粒物和废弃物排放,降低能源和资源消耗,提高生产效率,也使得汽车制造业从业者拥有优良的工作环境。因此,实现涂装绿色制造是汽车制造业发展的必然趋势。在保证涂装质量的基础上,依靠技术进步、创新开发和推广应用涂装绿色制造的新工艺、新材料、新装备以及相关技术,建设涂装绿色制造工厂保障涂装生产,对国家倡导的创建环境友好型、资源节约型、低碳经济型的和谐型社会具有重要的意义。

7.1 清洁生产要求

2002 年国家颁布了《中华人民共和国清洁生产促进法》,2010 年环境保护部发布了《关于深入推进重点企业清洁生产的通知》(环发〔2010〕54号)。清洁生产是指不断采取改进设计、使用清洁的能源和原料、采用先进的工艺技术与设备、改善管理、综合利用等措施,从源头削减污染,提高资源利用效率,减少或避免生产、服务和产品使用过程中污染物的产生和排放,以减轻或者消除对人类健康和环境的危害。推行清洁生产目的是要求企业积极采用清洁能源和原料,采用先进的工艺技术和设备,提高资源的利用率,从源头上削减污染,减轻污染对环境的影响。

2016 年,国家发展改革委、环境保护部、工信部发布《涂装行业清洁生产评价指标体系》,其中涉及汽车制造业(涂装)的清洁生产技术,见表 7 - 1。

表 7 - 1 《涂装行业清洁生产评价指标体系》中推荐的清洁生产技术

生产工艺名称	污染防治(含节能)工艺清洁生产技术
冲压	半自动、全自动冲压生产线
焊接	焊接机器人、高效焊机应用、车身拼焊技术
涂装:脱脂	无磷材料应用,低温、油水分离、磁性分离、逆流清洗技术应用
涂装:磷化	低温、低锌、无镍磷化、锆化、硅烷化技术,逆流清洗技术应用
涂装:电泳	阴极电泳、无铅新型涂料应用,闭路清洗工艺技术应用
焊缝密封、底涂胶	PVC 材料

续　表

生产工艺名称	污染防治(含节能)工艺清洁生产技术
表面涂漆过程	溶剂漆、高固体分、水性漆、水性清漆、粉末涂料； 新一代文丘里漆雾捕集装置、干式漆雾捕集装置(石灰石法、静电法)、普通文丘里与水旋漆雾捕集装置、新一代水帘漆雾捕集装置； 循环风节能技术,分段温度控制技术应用,集中烘干室供热系统
缸体、缸盖等加工	柔性化生产,切削液集中供应、收集、处理与清洁循环系统
发动机装配	高效清洗剂的作用
发动机试验	余热回收与综合利用系统,免热试工艺
输送机械与设备	高效节能设备应用

《涂装行业清洁生产评价指标体系》对汽车涂装过程中的 VOCs 产生量做出了相关规定,见表 7 - 2。

表 7 - 2　汽车涂装清洁生产标准的指标要求——VOCs 产生量

(单位：g/m^2)

工艺环节	产品类型	Ⅰ级	Ⅱ级	Ⅲ级	备　　注
机械(物理)前处理	—	≤20	≤25	≤35	Ⅰ级为国际清洁生产领先水平； Ⅱ级为国内清洁生产先进水平； Ⅲ级为国内清洁生产基本水平
喷漆(涂覆)	客车、大型机械	≤150	≤210	≤280	
	其他	≤60	≤80	≤100	

注：1. 机械(物理)前处理环节单位面积 VOCs 产生量是指处理设施处理进口前的含量。
2. 喷漆(涂覆)环节单位面积 VOCs 产生量是指处理设施处理后出口的含量。

从清洁生产的角度,通过原料替代,原料储运、投加方式的改进及先进的工艺设备的采用,工艺过程中废气捕集,高效物料回收等措施,可有效减少 VOCs 向大气的排放。

以某汽车企业新建涂装车间为例,根据《涂装行业清洁生产评价指标体系》进行分析,见表 7 - 3、表 7 - 4。

表 7-3 清洁生产指标分析(1)

序号	一级指标	一级指标权重	二级指标	单位	二级指标权重	I级基准值	II级基准值	III级基准值	对标情况	备注
1	生产工艺及设备要求		脱脂设施	—	0.10	①环保[a]、节水[b]技术应用；②节能技术应用[c]	环保[a]、节水[b]技术应用	环保[a]、节水[b]技术应用	应用变频电机,逆流漂洗	I
2		涂装前处理 0.53	转化膜、磷化设施	—	0.10	①薄膜型转化膜处理工艺；②环保[a]、节水[b]技术应用；③节能技术应用[c]	①环保[a]、节水[b]技术应用；②中温[d]磷化；③节能技术应用[c]	环保[a]、节水[b]技术应用	采用中温磷化,温度为55℃,应用变频电机,逆流漂洗	II
3			脱水烘干	—	0.06	应满足以下条件之一：①无须脱水烘干；②低湿低温空气吹干法	应满足以下条件之一：①节能技术应用[c]；②使用清洁能源	低湿低温空气吹干法	低湿低温空气吹干法	I

续表

序号	一级指标	一级指标权重		二级指标	单位	二级指标权重	I级基准值	II级基准值	III级基准值	对标情况	备注
4	生产工艺及设备要求	0.53	底漆	电泳	—	0.10	①低温固化电泳工艺；②节能技术应用c；③闭路水冲洗系统；④备用槽	①低温固化电泳工艺；②超滤装置；③备用槽		低温固化电泳工艺应用变频电机；设置闭路水冲洗系统；设置备用槽	I
5				烘干	—	0.06	①节能技术应用c；②加热装置多级调节，使用清洁能源		加热装置多级调节j，使用清洁能源	余热利用；应用变频电机；加热多级源调节，能源为天然气和电能	I
6				漆雾处理	—	0.06	有自动漆雾处理系统，漆雾处理效率≥95%	有自动漆雾处理系统，漆雾处理效率≥90%	满足I级	干式漆雾处理系统，漆雾处理效率99%	I
7			喷涂	喷漆	—	0.05	应满足以下条件之一：①中涂、色漆使用水性涂料；②使用粉末涂料；③使用光固化（UV）漆		节能c、环保a技术应用	免中涂、色漆使用水性漆满足	I

续 表

序号	一级指标	一级指标权重		二级指标	单位	二级指标权重	I 级基准值	II 级基准值	III 级基准值	对标情况	备注
7	生产工艺及设备要求	0.53	喷涂	喷漆	—	0.05	①节能技术应用ᶜ; ②废溶剂收集、处理ᶜ; ③除补漆外均采用机器人喷漆	①废溶剂收集、处理ᶜ; ②外表面采用机器人喷漆	废溶剂收集、处理ᶜ	余热利用; 喷漆室应用循环风技术, 废溶剂回收; 采用机器人喷漆	I
8				烘干	—	0.06	①节能技术应用ᶜ; ②加热装置多级调节ⁱ, 使用清洁能源	加热装置多级调节ⁱ, 使用清洁能源	加热装置多级调节ⁱ, 使用清洁能源	应用变频电机; 加热装置能多级调节, 能源为天然气和电能	I
9			废气处理设施	喷漆废气（黑车顶喷漆废气）	—	0.08	①所有溶剂型喷漆工段有 VOCs 处理设施, 处理效率≥85%; ②有 VOCs 处理设备运行监控装置	①溶剂型色漆、罩光漆有 VOCs 处理设施处理效率≥85%; ②有 VOCs 处理设备运行监控装置	①溶剂型罩光漆有 VOCs 处理设施, 处理效率≥80%; ②有 VOCs 处理设备运行监控装置	清漆 VOCs 转轮＋TAR, 处理效率 92%; 有温度控制系统和 VOCs 在线监测装置, 并与生产设备联动	I

续　表

序号	一级指标	一级指标权重	二级指标		单位	二级指标权重	I 级基准值	II 级基准值	III 级基准值	对标情况	备注
10	生产工艺及设备要求	0.53	废气处理设施	涂层烘干废气（黑车顶烘干废气）	—	0.08	①有 VOCs 处理设施，处理效率≥98%；②有 VOCs 处理设备运行监控装置	①有 VOCs 处理设施，处理效率≥95%；②有 VOCs 处理设备运行监控装置	有 VOCs 处理设施，处理效率≥90%	VOCs 处理设施，处理效率 97%，有温度运行控制系统，并与生产联动	I
11			槽液	脱脂	—	0.03	采用低温f脱脂剂	采用中温g脱脂剂	采用中温脱脂剂	采用中温脱脂，脱脂温度 55℃	I
12				磷化、转化膜	—	0.03	采用不含第一类金属污染物的磷化膜液、转化膜液	采用低温h，第一类重金属污染物含量≤1%的磷化液、转化膜液	采用中温d磷化液	采用中温磷化，第一类重金属污染物含量 0.66% 磷化液	II
13			原辅材料	底漆	—	0.03	应满足以下条件之一：①低温固化电泳漆；②节能、低沉降型，无铅、无镉电泳漆	应满足以下条件之一：①电泳漆；②自泳漆		节能、低沉降型，无铅、无镉电泳漆	I

续表

序号	一级指标	一级指标权重	二级指标		单位	二级指标权重	I级基准值	II级基准值	III级基准值	对标情况	备注
14	生产工艺及设备要求	0.53	原辅材料	中涂	—	0.03	VOCs含量≤30%	VOCs含量40%	VOCs含量≤55%	免中涂	I
15				色漆	—	0.03	VOCs含量≤50%	VOCs含量65%	VOCs含量≤75%	色漆有机分漆10%	I
16				罩光漆	—	0.03	VOCs含量≤55%	VOCs含量60%	VOCs含量≤65%	清漆有机分40%	I
17				喷枪清洗液	—	0.02	VOCs含量≤15%	VOCs含量20%	VOCs含量≤30%	水性色漆清洗剂5%	I
18	资源和能源消耗指标	0.12	单位面积取水量*		L/m^2	0.50	≤12	≤16	≤20	≤10.65	I
19			单位面积综合耗能*	乘用车	$kgce/m^2$	0.50	≤1.0	≤1.2	≤1.3	≤0.73	I
				商用车	$kgce/m^2$		≤1.5	≤1.6	≤1.8	—	—

续表

序号	一级指标	一级指标权重	二级指标		单位	二级指标权重	I 级基准值	II 级基准值	III 级基准值	对标情况	备注
20	污染物产生指标	0.25	单位面积 COD_{cr} 产生量*		g/m^2	0.33	≤10	≤14	≤18	≤9.52	I
21			单位面积的总磷产生量*		g/m^2	0.17	≤0.3	≤0.4	≤0.6	≤0.30	I
22			单位面积的危险废物产生量*		g/m^2	0.17	≤140	≤160	≤240	≤136.11	I
23			单位面积 VOCs 产生量*	乘用车	g/m^2	0.33	≤35	≤40	≤45	≤2.09	I
				商用车	g/m^2		≤40	≤60	≤80	—	—
24	清洁生产管理指标	0.1	见表 7-4		—	1.00	见表（2）	见表（2）	见表（2）	—	—

注：1. 本表仅适合汽车车身涂装线，其他涂装线按工艺分别按表 7-4 相关要求执行。

2. 商用车包括重型和轻型载货车的驾驶室，不包括车厢、客车。

3. 资源和能源消耗指标，污染物产生指标，按照用车面积（如乘用车面积视为 100 m^2/台）进行计算。

4. VOCs 处理设施是作为工艺设备之一，单位面积 VOCs 产生量是指处理设施处理后出口的含量。

5. 中涂、色漆、罩光漆 VOCs 含量指的是涂料包装物的固体分质量分数，固体分量是指包装处理设施处理后包装物的固体分包装处理后出口的是施工状态的喷枪清洗液 VOCs 含量。

6. 漆雾捕集效率，新一代文丘里漆雾捕集装置，干式漆雾捕集装置（石灰石法、静电法）的漆雾捕集效率均大于等于 95%，普通文丘里、水旋漆雾捕集装置的漆雾捕集效率≥85%。漆雾捕集效率≥90%，新一代水帘漆雾捕集装置的漆雾捕集效率≥85%。

7. 本表不适用于军用车等特种车辆。

a 环保技术应用包括：采用现有的环保技术，环保工艺，环保材料，如采用无磷脱脂，低氮脱脂，水性漆，免中涂等措施，或其他环保的新技术应用（应用以上技术之一即可）。

b 节水技术应用包括：前处理有逆流漂洗，脱脂前预清洗（热水洗），除油、除渣等槽液处理，水综合利用措施，湿式喷漆室有循环系统，除渣措施，干式喷漆室为节水型设备或其他节水的新技术应用（应用以上技术之一即可）。

c 节能技术应用包括：余热利用；应用变频电机等节能措施；喷漆室应用循环风技术；喷淋装置可按需调整喷淋的水量，范围；喷漆室应用循环风量可按需调节水量、风量，能耗；喷漆室应用循环风量应用简洁、节能的工艺；排气能源回收利用；应用简洁、节能的工艺；烘干室采用桥式、风幕等防止热气外溢的节能措施；厚壁产品、大型（质量大）产品涂层应用辐射等节能的新技术应用（应用以上技术之一即可）。

d 中温磷化温度 45~55℃；g：中温脱脂温度 45~55℃；h：低温磷化温度≤45℃；i：低温固化电泳温度≤160℃。应用中低温固化处理的药液；应用中低温固化的涂料；具有良好的保温措施或其他节能保温措施；中低温脱脂温度 45~55℃；f：低温磷化温度≤45℃。

e 废溶剂收集处理：换色、洗枪、管道清洗产生的废溶剂需要全部收集，废溶剂进行外处理可委托外处理，此废溶剂计入单位面积的 COD_{cr} 产生量。

j 加热装置多级调节：燃油、燃气、电加热为调功器调节；蒸气为流量，压力调节可调。

* 为限定性指标。

表 7－4　清洁生产指标分析（2）

序号	一级指标	一级指标权重	二级指标	单位	二级指标权重	I 级基准值	II 级基准值	III 级基准值	对标情况	本项目级别
1	环境管理指标	1	环境管理	—	0.05	符合国家和地方有关环境法律、法规,污染物排放达到国家和地方的排放标准;满足环境影响评价、环保"三同时"制度,总量控制和污染物排污许可证管理要求			满足 I 级基准值	I
2				—	0.05	一般工业固体废物（包括生产过程中产生的废漆渣、废溶剂等）的贮存严格按照 GB 18597 相关规定执行,后续应交付有危险废物或地方经营废物经营许可证的单位处置;危险废物贮存按照 GB 18599 相关规定执行			满足 I 级基准值	I
3				—	0.05	符合国家和地方相关产业政策,不使用国家和地方命令淘汰或禁止的落后工艺和装备,禁止使用"高耗能落后机电设备（产品）淘汰目录"规定的内容,禁止使用不符合国家或地方有关有害物质限制标准的涂料			满足 I 级基准值	I
4				—	0.05	禁止在生产前处理工艺中使用苯;禁止在大面积除油和除旧漆中使用甲苯、二甲苯和汽油			满足 I 级基准值	I
5				—	0.05	限制使用含二氯乙烷的清洗液;限制使用含甲苯、二甲苯的清洗液			满足 I 级基准值	I
6				—	0.05	已建立并有效运行环境管理体系,符合标准 GB/T 24001			满足 I 级基准值	I
7				—	0.05	按照国家、地方法律法规及环评文件要求安装废水在线监测仪及其配套设施,安装废 VOCs 处理设备运行监控装置			满足 I 级基准值	I

续　表

序号	一级指标	一级指标权重	二级指标	二级指标权重	单位	I 级基准值	II 级基准值	III 级基准值	对标情况	本项目级别
8	环境管理指标	1	环境管理	—	0.05	按照《环境信息公开办法（试行）①第十九条公开环境信息			满足 I 级基准值	I
9				—	0.05	建立绿色物流供应链制度，对主要零部件供应商提出环保要求，符合相关法律法规标准要求			满足 I 级基准值	I
10				—	0.05	企业建设项目环境保护"三同时"执行情况			满足 I 级基准值	I
11			组织机构	—	0.10	设置专门的清洁生产、环境管理、能源管理岗位，建立一把手负责的环境管理组织机构	设置清洁生产管理岗位，能源管理岗位，实行环境、能源管理岗位责任制，建立环境管理组织机构		满足 I 级基准值	I
12			生产过程	—	0.10	磷化废水应当在设施排放口进行废水单独收集，第一类污染物经单独处理处理达标后进入废水处理站；按生产情况制定清理计划，定期清理含粉尘、涂料的设备管道			满足 I 级基准值	I
13			环境应急预案	—	0.10	制定企业环境风险专项应急预案，应急设施、物资齐备，并定期培训和演练			满足 I 级基准值	I
14			能源管理	—	0.10	能源管理工作体系化；进出用能单位已配备能源计量器具，并符合 GB 17167 配备要求			满足 I 级基准值	I
15			节水管理	—	0.10	进出用能单位配备能源计量器具，并符合 GB 24789 配备要求			满足 I 级基准值	I

注：①《环境信息公开办法（试行）》已于 2019 年 8 月 22 日废止。

7.2　绿色制造的发展趋势

我国汽车制造业已进入规模生产的成熟阶段,不断提高的节能减排要求必然带来涂装生产方式的变化,这些变化也为绿色制造的发展提供了契机。保证涂装产品质量、开发应用适合绿色涂装的新技术和新装备,将是未来实现绿色制造的发展趋势。

1. 节能省资源

开发应用低温烘干涂料、低能耗和低耗水量的涂装装备,开发应用新型节能减排的喷漆和烘干装备,开发应用涂装装备的余热回收利用技术。

2. 环保少排放

发展应用水性涂料和高固体分涂料,研发简化涂装工艺、优化紧凑型涂装工艺,开发减少三废排放和实现零排放的装备技术,开发应用免喷漆工艺和涂装替代工艺。

3. 自动化智能化

推广应用全能智能化机器人实现喷涂全部自动化,提高涂装效率和涂料利用率;发展智能化能源监控管理系统,创建应用互联网信息化、智能化涂装生产管理系统;创新发展轻量化车身涂装工艺和装备、车身模块化涂装工艺及装备;开发应用车身制造与涂装生产一体化制造技术。

在保证涂装质量的前提下,应用涂装绿色制造工艺及装备需要在节能减排方面进行创新和提升。减少能源消耗、减少涂料和溶剂的消耗、减少污染物排放、尽量避免环境污染、提高生产效率、营造优良的人机工程工作环境是未来国内汽车企业实现涂装绿色制造的发展方向。

7.2.1　涂装工艺和材料

涂装工艺和材料的发展目标为低污染排放、低能耗、提高防腐性及附着力、提高涂层外观质量和性能。重点研发低 VOCs 含量的水性、高固体分、粉末等环境友好型产品以及紧凑施工工艺,实现绿色环境友好和可持续发展。

1. 涂料

采用低 VOCs 型涂料是从源头降低 VOCs 排放量的根本措施。近年来重点研发和发展方向有高性能水性清漆、超薄粉末高装饰性涂料、低温固化车身涂料、降温红外线反射涂料、红外线识别涂料、静电悬杯一道施工色漆、喷墨打印汽车涂料和耐划伤汽车涂料等。

1）电泳漆

开发能与硅烷/锆盐等绿色环境友好型薄膜前处理材料相配套的、无重金属、高泳透力、高平滑性阴极电泳涂料。开发低温（120℃）烘烤的电泳涂料。

2）中涂

通过色漆技术升级，使其具备中涂层功能，取消中涂工艺。

3）色漆

开发高彩度、高装饰性和变化闪耀感、深厚立体感等特点的色漆。开发新能源汽车的非金属涂料和轻量化要求的涂料。

4）清漆

溶剂型清漆（1K 和 2K）向高固化方向发展。开发新一代具有无光（哑光）、抗划伤、自修复、自清洁等特点的清漆和水性清漆。

2. 涂装工艺

1）前处理和电泳涂装

（1）应用薄膜超高泳透率低温固化环保型阴极电泳涂料和工艺。

（2）涂装前处理（脱脂、磷化）工艺低温化。开发选用处理温度为 20～35℃的前处理药品替代现用的 45℃以上的中、高温前处理工艺。

（3）开发采用新一代环保型非磷酸盐表面处理工艺（锆盐处理或硅烷化处理工艺），替代传统的现用磷化处理工艺，更加节约资源并降低成本。

（4）在确保清洗质量的前提下优化脱脂、磷化（化学处理）、电泳涂装等工序后的清洗工艺的处理方式，工序数和工艺参数适度简化和合并清洗工序，以保证既节能又节水。

2）喷涂和烘干

（1）应用无腐蚀的车身涂装材料和工艺（前处理、电泳、中涂、面漆）。

（2）应用自适应环境（温度、相对湿度）型的中涂和面漆涂料和工艺。

（3）应用无漆雾产生的喷涂涂料和工艺。

（4）应用无烘干快速室温固化涂料和工艺。

（5）实现车身模块化涂装工艺应用。

（6）实现涂装工件免喷漆工艺（各色贴膜、敷膜技术、转移涂层技术等），应用涂装替代工艺。

（7）应用车身制造与涂装生产一体化制造工艺。

（8）清洗溶剂用量优化。根据实际颜色使用情况，优化对不同颜色清洗剂的使用量，降低清洗溶剂的消耗。

（9）涂料使用量优化。进行自动化、智能化喷涂设备升级；对于涉及双色喷涂企业，推荐建设无过喷喷涂系统，减少漆料消耗。

（10）精益优化设计，提高能效，如加强隔热保温措施、烘干室紧凑化、减少换热器等。

（11）采用低温低湿空气吹干替代高温烘干水分降低能耗。

7.2.2　涂装设备

目标为能耗降低 30%，低污染排放量：CO_2 排放量达到 100 kg／台以下，VOCs 排放量达到 10 g／m^2 以下，废水排放量接近 0。

（1）应用新型前处理设备；应用轻量化车身（非金属）前处理工艺设备；实现新型前处理替代方法的装备应用。

（2）新型干式喷漆室开发应用。

（3）应用高效柔性的喷漆全自动机器人喷涂技术。

（4）应用无漆雾喷涂工艺的喷涂装备。

（5）烘干室结构、加热系统及余热回收利用系统的优化及应用。

（6）新型烘干室（新型加热源）的开发应用，适应快速室温固化材料的设备。

（7）实现车身模块化涂装工艺的装备应用。

（8）实现涂装免喷漆工艺的装备应用，涂装替代工艺的装备应用。

（9）适合应用车身制造与涂装生产一体化制造技术的装备。

（10）新型涂装车间智能化能源管理系统的应用，涂装车间新能源开发与应用。

7.2.3　机运设备

目标为低能耗,低噪声,智能化运行。

(1) 应用前处理电泳新型输送系统技术(大倾角进出浸槽输送、滚浸输送等)。

(2) 应用低噪声涂胶和喷漆新型输送系统技术(轻型滑橇输送、轻型摩擦式输送、无橇化辅杆输送、带升降旋转功能的自行小车输送、简易轻量化输送系统等)。

(3) 应用车身模块化涂装技术。

7.2.4　废气治理技术

1. 焚烧

焚烧是处理含 VOCs 废气最有效的方法。催化焚烧在汽车制造行业应用较少,需进一步开发新型催化剂。沸石转轮+热氧化处理技术的大面积应用,运行控制水平要求更为严格和精细,焚烧过程需要消耗大量能源,在这两个方面需要进一步进行技术创新,开发更为经济的治理技术。

2. 吸附法

吸附法可用于处理低浓度的有机废气,效率高,运转费用低,但需要有脱附处理并需要对脱附后的废气进行焚烧处理。脱附及脱附后焚烧处理装置可以自建,也可以委托有资质的相关单位处理。

3. 其他技术

低温等离子体、光催化氧化、膜法等其他 VOCs 处理技术在涂装废气处理方面的应用需要进一步探索。

7.3　管理要求的落实

针对 VOCs 绿色发展的全流程控制,开展针对源头、过程和末端的监管核心要点。

7.3.1 源头监管

源头监管主要涉及针对含 VOCs 物料中 VOCs 含量的监管以及针对含 VOCs 物料储存、转运过程中 VOCs 无组织排放的监管等。

针对含 VOCs 物料中 VOCs 含量的监管。首先要求企业建立良好的物料 VOCs 管理台账，详细记录物料 VOCs 含量，建立严格的环境管理体系，及时对自身环境管理措施进行自查。同时，针对涂料中 VOCs 含量应对企业实际使用涂料进行取样测定，保证源头控制的有效性。按照《色漆、清漆和色漆与清漆用原材料取样》的规定对即用状态涂料取样，VOCs 含量测定按照《汽车涂料中有害物质限量》《色漆和清漆 挥发性有机化合物（VOC）含量的测定 差值法》《色漆和清漆 挥发性有机化合物（VOC）含量的测定 气相色谱法》规定方法执行。即用状态涂料 VOCs 含量应符合地方相关行业排放标准、《汽车涂料中有害物质限量》规定限值以及企业自主上报含量值。

针对含 VOCs 物料储存、转运过程中 VOCs 无组织排放的监管。依据《挥发性有机物无组织排放控制标准》（GB 37822—2019），涉 VOCs 物料的化工生产过程应当在密闭空间或者设备中进行，废气经废气收集系统和（或）处理设施后排放。如不能密闭，则应采取局部气体收集处理措施或其他有效污染控制措施。因此应对含 VOCs 物料的容器、储存空间密闭性进行检查，评估在储运过程中 VOCs 无组织排放情况。

针对涂料、稀释剂、固化剂、清洗溶剂、脱漆剂等含 VOCs 的原辅材料的监管。检查其存储车间是否具有完整围栏将其与周围环境相阻隔，存储车间除人员、设备、车辆、物料进出时，以及依法设立的排气筒、通风口不处于密封状态外，门窗及其他开口（孔）部位是否保持密封状态。含 VOCs 物料转运应首先检查是否采用管道式输送系统，若未采用管道式输送系统，应检查转运过程中容器及包装袋是否保持密封。使用过程中含 VOCs 容器是否随取随开、用后及时密封。

7.3.2 生产过程监管

汽车制造过程中含 VOCs 物料的使用，即喷涂、流平、烘干等生产环节也是 VOCs 产生的重要过程。生产过程监管应对生产负荷、车间密闭性、物料回收以及废气收集等内容进行检查。

生产负荷应重点检查生产节拍是否符合设计值,若生产节拍超过设计值,则后续污染治理率可能达不到要求。

车间密闭性应检查生产车间除了人员、设备、车辆、物料进出时,以及依法设立的排气筒、通风口不处于密封状态外,门窗及其他开口(孔)部位是否保持密封状态。

物料回收应检查回收计量设备是否通过质量技术监督部门强制检定,回收装置是否与生产设施同步运行。回收物料的处置是否符合相关管理规定。

废气收集应检查收集系统是否与生产设施同步运行。密闭空间内废气收集设施检测其内部是否处于负压状态(绝对压力低于环境大气压 5 kPa)、废气收集系统效率是否符合要求。非密闭空间内使用的局部集气罩按照《排风罩的分类及技术条件》(GB/T 16758—2008)检测距其最远的无组织排放位置的风速,应不低于 0.3 m/s。

7.3.3 末端治理监管

喷漆阶段末端治理设施主要为浓缩+热力燃烧装置。烘干阶段末端治理设施主要为热力燃烧装置。2019 年上海市生态环境局发布《挥发性有机物治理设施运行管理技术规范(试行)》,对废气治理设备的操作提出明确要求,具体要求如下:

(1)严禁治理设备在正常运行过程中,将 VOCs 治理设备切换到旁通模式更换空气过滤器。

(2)焚烧炉的焚烧温度设定范围为 700~730℃。

(3)停产期间,VOCs 治理设备须在机器人模拟之前开启。

(4)使用溶剂清洁喷漆室时,确保 VOCs 治理设备处于开启状态。

(5)生产与清洁结束 30 min 后,才能关闭 VOCs 治理设备。

(6)一旦设备发生故障,导致没有正常运行,严禁维修人员手动将治理设备切换到旁通模式。

（7）一旦 VOCs 治理设备发生故障,系统会自动切断喷漆室的释放信号,同时声光报警系统会播放提示已熄火,禁止使用溶剂,喷漆室生产人员及清洁人员立即停止从事使用溶剂的工作,等待故障修复后,重新开启。满足生产条件后,再通知喷漆室生产人员及清洁人员恢复生产。

（8）保持风机运行频率、过滤器压差、转轮压差、脱附温度、焚烧炉温度、天然气供应压力、天然气调节后压力、压缩空气供应压力等参数正常。

除对治理设施核心运行参数进行监管外,还需要对末端治理设施处理后达标情况及设施罩体、风管、设备外观进行检查,达标情况需要检测废气排放浓度及设施治理效率。

随着管理要求的不断提高,运行管理的智能化水平越来越高,污染物排放在线监测系统的建设基础上的智能管理平台应用也越来越广泛,汽车制造业也将逐步实现生产、排放和减排的智能联动管理。

7.4　绿色发展展望

“绿色发展”是《中国制造 2025》明确提出的基本方针之一,要坚持把可持续发展作为建设制造强国的重要着力点,加强节能环保技术、工艺和装备的推广应用,全面推行清洁生产,发展循环经济,提高资源回收利用效率,构建绿色制造体系,走生态文明的发展道路。

胡新意指出,涂装工艺是汽车制造业的能耗大户,也是产生“三废”排放最多的环节。在整车制造工厂中,传统涂装车间的能耗占 60% 以上,CO_2 排放占 60% 以上,VOCs 排放占 95% 以上。因此,涂装工艺的优化是汽车制造绿色发展的重点。随着信息技术和互联网技术的飞速发展,以及新型感知技术和自动化技术的广泛应用,制造业正发生着巨大转变,先进制造技术正在向自动化、信息化、数字化和智能化的方向发展,智能制造已经成为下一代制造业发展的重要内容。

在汽车涂装中,涂装线自动化程度不断提高,大型车身涂装线零部件输送、存储全自动化基本普及,喷涂自动化由外板机器人喷涂向内外板全机器人喷涂拓展。涂胶自动化由底板 PVC 凝胶机器人喷涂向全车机器人喷胶拓展,主流车身涂装线的工位自动化率达到85%以上。在信息技术应用方面,RFID 等零部件身份识别技术、车间 PCR 技术已广泛应用,MES 等管理系统逐步推广,为涂装工厂的自动化、数字化和智能化发展奠定了良好的基础。智能化主要可应用于以下两个方面。

1. 提高涂装设备有效开动率

涂装设备有效开动率直接影响单车的能耗水平。利用工艺大数据,模拟设备的升温过程、零部件的生产过程,让设备状态、工艺参数信息与排产系统通信,使排产实时切合设备工艺参数状态、生产过程,精准控制减少等待余量、空工位和工位等待等原因导致的无效生产过程,提高涂装设备有效开动率,从而减少单车的能耗与排放。

2. 循环风喷漆室及烘干炉新风量动态控制

通过实时采集喷漆室喷涂材料、喷涂流量和喷涂条件等参数,可以建模计算喷漆室循环风有机溶剂的实时浓度。随着空气有机溶剂浓度在线检测仪器的发展进步,检测的可靠性、准确性逐步提高,喷漆室循环风有机溶剂的浓度实时监测成为可能。通过对喷漆室送、排风系统关键位置的风压检测及动态数据的采集,建模开发专门的喷漆室风平衡控制软件,应用变频控制技术,实现在动态调整新风量的同时,保持喷漆室风平衡。

智能制造是制造业的发展趋势,企业应根据自身的基础,针对不同的目标,合理采用智能制造手段,解决生产制造中的实际问题。实现涂装绿色制造已经成为汽车涂装行业研究、创新、开发的重点工作。要实现这一切必须对新建和原有涂装工厂进行技术转型升级,通过积极应对和加快研究创新速度、努力开发实践,实现涂装绿色制造的目标。

张含莹指出,奇瑞汽车作为汽车行业中为数不多的国有控股企业,一直秉持着"产业报国"的理想。奇瑞不仅注重企业与经济、社会、生态环境之间持续健康的发展,在履行社会责任这一方面,奇瑞也拓展到经济、社会、文化和生态等多个层面。奇瑞公司的良性发展与它对社会责任的重视是分不开的。

奇瑞汽车成立伊始就提出了"产业报国"的理想信念,在促进社会就业、带动相关产业经济发展、公益慈善以及保护生态环境方面发挥着不可替代的作用。在坚持绿色发展保护生态环境这一方面,奇瑞汽车将"自主创新、绿色发展、低碳发展"作为开展各项工作的指导目标,在促进生态环境朝着绿色可持续方向发展方面,一直全力以赴。

建议加强国有企业社会责任监督。政府加强对国有企业的领导,推动国有企业更好地履行社会责任。国有企业想要维持稳定的发展必须要发挥人才的作用,切实履行对员工的责任,同时履行对消费者的责任也是必经之路。总而言之,国有企业想要维持长期的可持续发展就必须主动履行企业社会责任,两者相互影响、相互依存。

徐华东等指出,青岛市为解决汽车行业发展难题,围绕"四化"(电动化、网络化、智能化、共享化)方向,采取了如下的一系列措施,加快打造先进的汽车制造业集群,推动青岛市汽车产业驶上"快车道"。

1. 规划引领

超前谋划新能源汽车产业发展规划,设立市级产业发展引导资金,鼓励龙头骨干企业做大规模,积极向国家、省里申请,支持青岛建设全球最大的新能源汽车产业基地,使新能源汽车成为支撑青岛未来发展最重要的新兴支柱产业之一。抓住当前产业发展机遇,在全市范围内挑选少量优质项目进行培育,适当布局氢燃料电池汽车项目。发力智能网联汽车领域,完善相关产业发展规划及道路测试管理规定,为智能网联汽车产业发展做好顶层设计和政策支撑,规划打造智能网联汽车特色示范区。

2. 园区建设

充分发挥港口城市优势,规划建设集整车进口及零配件交易中心、汽车供应链金融及综合服务中心等业态于一体的汽车产业综合体,积极发展新能源汽车国际贸易,打造华东及北方地区知名国际汽车贸易集聚区。结合"十四五"规划和新一轮国土规划,在产业布局和建设用地指标分配时,对汽车产业项目进行重点保障,拓宽产业发展空间。

3. 产业链条

推进新能源汽车产业链升级发展,支持企业参与相关技术标准制定,加强产业链上下游企业信息共享共通、技术专利合作、业务合作,推动形成龙头企业带动、关键零部件与配套企业积极参与的良好发展态势。

4. 研发设计

建议加强对汽车发动机和变速器等汽车关键零部件的研发。引进研发设计机构,提升和带动全市汽车零部件的研发能力及水平。发挥好青岛大学等本地院校科教资源优势,加强创新型、研发型、应用型人才培养,为汽车发展提供更多智力支持和强劲动力。

5. 地产地用

借鉴深圳支持比亚迪、柳州支持宝骏的经验做法,发挥政府"有形的手"作用,把市场资源尽量向本地企业倾斜,也可采取给予一定资金补贴的方式,支持优先选择地产车及相关配套产品。

绿色发展是以推动生态文明发展为依归,要不断推动绿色创新体系的构建,始终坚持可持续发展理念,并以制度层面的配套与完善、文化层面的创新来共同推进汽车制造业绿色发展,最终为我国绿色生态文明建设提供坚实的发展动力。

参考文献

［1］ 工业和信息化部装备工业发展中心.中国汽车工业发展年报（2021）［M］.2021.

［2］ 国家质量监督检验检疫总局,中国国家标准化管理委员会.国民经济行业分类：GB/T 4754—2017［S］.北京：中国标准出版社,2017.

［3］ 国家质量监督检验检疫总局,中国国家标准化管理委员会.面向装备制造业　产品全生命周期工艺知识　第3部分：通用制造工艺描述与表达规范：GB/T 22124.3—2010［S］.北京：中国标准出版社,2010.

［4］ Standards of Performance for New Stationary Sources（Primary Aluminum Reduction Plants）［S］. Federal Register, 1976.

［5］ DOE A, RIDGE O, VALLEYS M. Emission Standards for Hazardous Air Pollutants ［S］. 2013.

［6］ 欧洲工业排放与污染防控一体化指令（修订案）2010/75/EC［S］.2010.

［7］ 挥发性有机物排放控制制度［S］. http://www.env.go.jp/air/osen/voc/seido.html.

［8］ 生态标志涂料标准 126v2 criteria A－I&K［S］. https://www.ecomark.jp/english/pdf/126eC2_A－IK.pdf.

［9］ 国家环境保护总局.清洁生产标准　汽车制造业（涂装）：HJ/T 293—2006［S］.北京：中国环境科学出版社,2006.

［10］ 国家质量监督检验检疫总局,中国国家标准化管理委员会.车辆涂料中有害物质限量：GB 24409—2009［S］.北京：中国标准出版社,2010.

［11］ 国家市场监督管理总局,国家标准化管理委员会.低挥发性有机化合物含量涂料产品技术要求：GB/T 38597—2020［S］.北京：中国标准出版社,2020.

［12］ 国家市场监督管理总局,国家标准化管理委员会.胶粘剂挥发性有机化合物含量限值 GB 33372—2020［S］.北京：中国标准出版社,2020.

［13］ 国家市场监督管理总局,国家标准化管理委员会.清洗剂挥发性有机化合物含量限值：GB 38508—2020［S］.北京：中国标准出版社,2020.

［14］ 生态环境部.排污许可证申请与核发技术规范　汽车制造业：HJ 971—2018［S］.北京：中国环境科学出版社,2017.

［15］ 上海市环境保护局,上海市环境科学研究院.上海市工业固定源挥发性有机物治

理技术指引[M].2013.

[16] 上海市生态环境局.整车制造 挥发性有机物控制技术指南(试行)[R/OL].[2020 – 04 – 16] https://sthj. sh. gov. cn/cmsres/cc/ccdd4d132a5f4af4b040e38e2d57a9e9/451dc2bfc1e02ecd0f81b0d183e0ae39.pdf.

[17] 上海市汽车制造业(涂装)VOCs 排放量计算方法[R/OL].[2020 – 04 – 17] https://www.hbzhan.com/news/detail/134796.html.

[18] 国家质量监督检验检疫总局.机动车辆及挂车分类:GB/T 15089—2011[S].北京:中国标准出版社,2004.

[19] 国家技术监督局,国家环境保护局.制定地方大气污染物排放标准的技术方法:GB/T 3840—1991[S].北京:中国标准出版社,1992.

[20] 中华人民共和国卫生部.工业企业设计卫生标准:GBZ 1—2010[S].北京:人民卫生出版社,2010.

[21] 国家环境保护局.环境空气质量标准:GB 3095—1996[S].北京:中国标准出版社,1996.

[22] 国家环境保护局,国家技术监督局.恶臭污染物排放标准:GB 14554—1993[S].北京:中国标准出版社,1994.

[23] 北京市质量技术监督局.大气污染物综合排放标准:DB11/ 501—2007[S].2008.

[24] 中华人民共和国生态环境部.污染源源强核算技术指南 汽车制造:HJ 1097—2020[S].北京:中国环境科学出版社,2020.

[25] 生态环境部.污染源源强核算技术指南 准则:HJ 884—2018[S].北京:中国环境科学出版社,2018.

[26] 北京市质量技术监督局,北京市环境保护局.北京市汽车整车制造业(涂装工序)大气污染物排放标准:DB11/ 1227—2015[S].2015.

[27] 上海市质量技术监督局.上海市汽车制造业(涂装)大气污染物排放标准:DB31/ 859—2014[S].2019.

[28] 重庆市质量技术监督局.重庆市汽车整车制造表面涂装大气污染物排放标准:DB50/ 577—2015[S].2015.

[29] 浙江省质量技术监督局.浙江省工业涂装工序大气污染物排放标准:DB33/ 2146—2018[S].2018.

[30] 辽宁省市场监督管理局.辽宁省工业涂装工序大气污染物排放标准:DB21/ 3160—2019[S].2019.

[31] 广东省环境保护厅,广东省质量技术监督局.表面涂装(汽车制造业)挥发性有机化合物排放标准:DB44/ 816—2010[S].2010.

[32] 江苏省质量技术监督局.江苏省表面涂装 汽车制造业 挥发性有机物排放标准:DB32/ 2862—2016[S].2016.

[33] 天津市工业企业挥发性有机物排放控制标准:DB12/ 524—2014[S].2014.

［34］河北省质量技术监督局.河北省工业企业挥发性有机物排放控制标准：DB13/ 2322—2016［S］.2016.

［35］山东省环境保护厅,山东省质量技术监督局.山东省挥发性有机物排放标准　第1 部分：汽车制造业：DB37/ 2801.1—2016［S］.2016.

［36］四川省质量技术监督局.四川省固定污染源大气挥发性有机物排放标准：DB51/ 2377—2017［S］.2017.

［37］陕西省质量技术监督局.陕西省挥发性有机物排放控制标准：DB61/T 1061—2017 ［S］.2017.

［38］江西省市场监督管理局,江西省生态环境厅.江西省挥发性有机物排放标准　第5 部分：汽车制造业：DB36/ 1101.5—2019［S］.2019.

［39］湖北省市场监督管理局.湖北省表面涂装　汽车制造业　挥发性有机化合物排放 标准：DB42/ 1539—2019［S］.2019.

［40］福建省质量技术监督局.福建省工业涂装工序挥发性有机物排放标准：DB35/ 1783—2018［S］.2018.

［41］河南省市场监督管理局.河南省工业涂装工序挥发性有机物排放标准：DB41/ 1951—2020［S］.2020.

［42］深圳市市场监督管理局.低挥发性有机物含量涂料技术规范：SZJG 54—2017 ［S］.2017.

［43］国家质量监督检验检疫总局,中国国家标准化管理委员会.排风罩的分类及技术 条件：GB/T 16758—2008［S］.北京：中国标准出版社,2009.

［44］中华人民共和国生态环境部.汽车工业污染防治可行技术指南：HJ 1181—2021 ［S］.北京：中国环境科学出版社,2021.

［45］张含莹.国有企业社会责任与可持续发展的研究：以奇瑞汽车股份有限公司为例 ［J］.办公自动化,2020,25(10)：51－52,17.

［46］徐华东,张阳,孙敏.对推动青岛市汽车产业发展的思考［J］.山东经济战略研究, 2020(9)：7－10.

［47］尹志勇.汽车涂装生产线的柔性化关键技术研究［D］.镇江：江苏大学,2018.

［48］张英俊.汽车涂装喷漆室送排风系统节能减排技术研究［D］.长春：吉林大 学,2018.

［49］叶显松,张龙,谢国菊.汽车涂装集中输调漆系统的发展现状［J］.电镀与涂饰, 2021,40(10)：759－764.

［50］张福顺,张大卫.高速旋杯式静电喷涂雾化机理的研究［J］.涂料工业,2003,33 (12)：21－23.

［51］生态环境部大气环境司.汽车整车制造业挥发性有机物治理实用手册［M］.2020.

［52］高菲.汽车涂装VOCs减排途径探究［J］.环境与发展,2020,32(1)：45－46.

［53］马莉,任勇,彭川格,等.四川省汽车整车行业VOC排放情况及减排方案研究［J］.

环境与发展,2018,30(1):64-66.

[54] 任勇,贾黎.汽车涂装行业 VOCs 减排途径分析[J].环境影响评价,2015,37(4):58-60.

[55] 张虎,刘志新.先进水性 B1B2 涂装工艺 VOC 减排效果实际应用分析[J].现代涂料与涂装,2018,21(10):64-66.

[56] 刘继华,张东民,荣用功.汽车涂装新工艺 B1:B2 施工及应用探究[J].上海涂料,2009,47(3):21-23.

[57] 江巧文,郑莹莹,叶太林.汽车涂装行业 VOCs 减排路径分析[J].能源与环境,2020(6):78-79.

[58] 王臻,刘杰,齐祥昭,等.汽车制造涂装行业 VOCs 减排方案及潜力分析(Ⅱ)[J].中国涂料,2018,33(2):1-11.

[59] 吕思浩.谈汽车涂装 VOCs 有机废气处理技术研究[J].四川水泥,2015(10):88.

[60] 丁太节.汽车涂装溶剂型生产线进行水性化改造的实践与总结[J].汽车实用技术,2020(12):206-208.

[61] 程维明.浅谈汽车整车制造 VOC 的污染防治要求[J].汽车实用技术,2019(20):167-169.

[62] 朱力友,姚荣子,操金明,等.走珠式快速换色输漆系统简介[J].汽车实用技术,2018(6):63-65.

[63] 王斌,赵洋洋,曹杰,等.一种新型适用于小颜色的走珠式快速换色系统[J].现代涂料与涂装,2017,20(9):67-69.

[64] 胡新意.智能制造助力汽车涂装绿色发展[J].汽车制造业,2020(10):36-38.

[65] 马汝成.汽车涂装绿色制造的发展研究[J].汽车工艺与材料,2018(10):1-4.

[66] 庄梦梦,李龙辉,徐树杰.汽车行业绿色发展现状分析[J].科技风,2018(34):128.

[67] 王安毅,余航.汽车涂装新技术的应用与发展[J].信息记录材料,2018,19(8):15-17.

[68] 闫福成.2019 年中国汽车涂料工业发展及 2020 年展望(下)[J].中国涂料,2020,35(5):1-13.

[69] 中华人民共和国生态环境部,国家市场监督管理总局.挥发性有机物无组织排放控制标准:GB 37822—2019[S].北京:中国环境出版社,2019.

索　引